VERSTÄNDLICHE WISSENSCHAFT

NEUNZIGSTER BAND

BERLIN · HEIDELBERG · NEW YORK

SPRINGER-VERLAG

DIE PLANETEN UND IHRE MONDE

ROLF MÜLLER

1.—6. TAUSEND

MIT 90 ABBILDUNGEN

BERLIN · HEIDELBERG · NEW YORK

SPRINGER-VERLAG

Herausgeber der Naturwissenschaftlichen Abteilung:
Prof. Dr. Karl v. Frisch, München

Prof. Dr. Rolf Müller
Ehem. Direktor des Sonnenobservatoriums Wendelstein
der Universitätssternwarte München

Library of Congress Catalog Card Number 66 – 28660

Titel-Nr. 7223
ISBN-13: 978-3-642-86344-8 e-ISBN-13: 978-3-642-86343-1
DOI: 10.1007/ 978-3-642-86343-1

Vorwort

Das lebhafte Interesse, das die Erforschung der Planeten im Hinblick auf die fortschreitende Eroberung des interplanetarischen Raumes jetzt erfährt, ist durch eine ständige Mehrung von Forschungsergebnissen gekennzeichnet. An diese knüpfen sich mannigfaltige theoretische Diskussionen, die zuweilen als reine Arbeitshypothesen nur kurzlebig sind und auf Grund neuer Erkenntnisse dann oft revidiert werden. So ist es nicht verwunderlich, daß uns in dem vorliegenden Band manches „möglicherweise“, manches „vielleicht“ oder manches Fragezeichen begegnen wird.

Auch Meßdaten über die Körper des Sonnensystems erfahren durch den Einsatz interplanetarischer Raumsonden, durch Ballon-Sternwarten oder durch allgemeinen instrumentellen Fortschritt laufend Verbesserungen. Ich habe in diesem Buch zumeist die im neuesten „Mayers Handbuch über das Weltall“ angeführten Daten benutzt, jedoch manchmal davon abweichende neuere Ergebnisse angeführt.

Die Planeten und ihre Monde sind Himmelskörper des Sonnensystems. Die in der Reihe „Verständliche Wissenschaft“ veröffentlichten Bücher über die Sonne (Bd. 68), die Kometen (Bd. 53) und die Meteoritenkunde (Bd. 23) vervollständigen in mancher Hinsicht das von mir vorliegend behandelte Arbeitsgebiet. Schließlich gehört zu den Planeten auch die Erde und ihr Begleiter, denen im Bd. 42 (Die Erde als Planet) eine besondere Darstellung gilt.

Brannenburg-Degerndorf ROLF MÜLLER

Inhaltsverzeichnis

I. Historischer Überblick

Wandelsterne oder Wanderersterne nannten die Sternkundigen früher Völker jene fünf hellen Gestirne, die nicht, wie es der Augenschein lehrte, sich mit jener Sphäre um die Erde bewegten, auf der das Heer der Sterne angeheftet war. Zu diesen Wanderern gesellten sich noch die Sonne und der Mond, so daß ihre Zahl sieben betrug. Doch die Gesetze der Bewegungen der den Tag regierenden Sonne und des die Nacht beherrschenden Mondes waren schnell zu verstehen, wenn man ihnen ihre eigenen Sphären gab, die nach alter Vorstellung um den Erdbeobachter kreisten. Die fünf hellen Planeten dagegen, die wie Sternpunkte ausschauten, zeigten verwirrende Bewegungen auf. Einige — wir meinen Merkur und Venus — stiegen überhaupt nicht in die Himmelshöhe empor, sondern gaben nur kurz bemessene Gastrollen am Morgen- oder Abendhimmel. Die anderen drei — Mars, Jupiter und Saturn — leuchteten zu unterschiedlichen Zeiten am Nachthimmel. Sie bewegten sich dabei, wenn man ihre Stellungen mit denen der Fixsterne verglich, im Gegensatz zu diesen von West nach Ost, mal schneller, mal langsamer. Ja, zuweilen schienen sie stillzustehen, als wollten sie dann mit der Fixsternsphäre sich um die Erde schwingen. Dann wieder kam es zu seltsamen Begegnungen der Wandelsterne am Himmel, wobei sie sich manchmal einander so näherten, daß sie fast zu einem Stern zu verschmelzen schienen.

Planetenbeobachtungen der Mayaastronomen. Kein Wunder, daß diese seltsamen, ja rätselhaften Bewegungsverhältnisse der sterngleichen Wandelsterne schon in frühesten Zeiten die Menschen tief beeindruckten. Da alle Himmelserscheinungen nach astrologischer Ansicht mit dem Dasein oder dem Schicksal der Menschen und Völker verquickt waren, verfolgte man mit Eifer und viel Geschick den ständig wechselnden Lauf der Planeten, wobei man zuweilen verblüffende Genauigkeit erreichte. Die ältesten Zeugnisse derartiger Beobachtungen haben uns die Mayaastronomen überliefert. Dieses mittelamerikanische Volk hoher Kulturstufe besaß nicht nur erstaunliche Kenntnisse der Astronomie, sondern entwickelte auch ein unerhört logisch aufgebautes Kalender- und Rechensystem. Glücklicherweise können wir ihre Hieroglyphenzahlen lesen, wenn auch die Datierung der Mayadaten auf unserem Kalender noch umstritten ist. Die Entzifferung und mühevolle Durchrechnung von Mayadaten durch die Astronomen H. Ludendorff und R. Henseling, die sich dabei auf die sogenannte Spindensche Korrelation stützten, zeigt, daß die Mayaastronomen sich eifrig der Beobachtung der Planeten hingaben. Man beobachtete sowohl Begegnungen der Wandelsterne mit hellen Sternen, vor allen Dingen aber das von astrologischer Sicht bedeutsame Zusammentreffen von Planeten (Konjunktionen). Als säkulare Seltenheit darf man die auf den Steinstelen im Tempel des Kreuzes in Palenque verzeichnete dreifache Konstellation der Planeten Venus, Mars und Jupiter bezeichnen. Sie fand am 30. September des Jahres 227 statt.

Im „Dresdener Kodex", dem kostbarsten der uns erhaltenen Mayabücher, konnte man in einer Venustafel Daten und Zahlenangaben entziffern, die zumeist von Zeiten handeln, zu denen Venus nach ihrer unteren Konjunktion in der Morgendämmerung im heliakischen Aufgang sichtbar wurde*. Die Venustafel enthält Aufzeichnungen von Venus als Morgenstern aus dem Zeitraum 228 v. Chr. bis 575 n. Chr. Die Maya bestimmten die Zeit des Venusumlaufes aus der im Dresdener Kodex angegebenen Zahlengleichung 239410 = 410, sie besagt, daß 410 Venusumläufe = 239410 Tage sind, so daß sich hieraus für die synodische Umlaufszeit der Venus der Mayawert = 583,927 Tage ergibt. (Moderner Wert = $583{,}923^d$.) Die Genauigkeit hat Verwunderung ausgelöst. Man muß aber bedenken, daß die Beobachtungen der Maya auf jahrhundertelang von Generation auf Generation vererbte Beobachtungsanleitung zurückgeht. Die Zahlengleichung des Kodex spricht ja von einem Zeitraum von 656 Jahren, aus

* In der unteren Konjunktion befindet sich Sonne-Venus-Erde in einer geraden Linie, der Planet ist also unsichtbar. Die Maya rechneten mit einer 8tägigen Unsichtbarkeit der Venus, nahmen also an, daß der Planet bereits 4 Tage nach der unteren Konjunktion in den ersten Strahlen der Dämmerung das erste Mal als Morgenstern sichtbar wurde. Diesen Zeitpunkt nennt man den heliakischen oder Frühaufgang. (Vgl. auch S. 7.)

dem sich zwangsläufig als Endresultat eine derartige Genauigkeit ergeben muß. Bei der Umlaufszeit der Venus handelt es sich um die sogenannte synodische Umlaufszeit*.

Auch für die Planeten Merkur, Mars und Saturn ergeben sich nach Ludendorffs Diskussion der im Kodex oder auf zahlreichen Steinstelen der Maya-Ruinenstätten entzifferten (d. h. in Zahlen ausgedrückten) Hieroglyphen überaus interessante Schlüsse. Danach kannte man nicht nur die synodischen sondern auch die siderischen Umlaufszeiten der fünf Planeten. Auch auffallende Stellungen der Planeten untereinander oder zu hellen Fixsternen sind oft vermerkt worden.

Die Planetenbeobachtungen der Maya, die ja astrologischen Anschauungen huldigten, sprechen dafür, daß sie vielleicht ähnliche astrologische Begriffe entwickelten, wie wir sie bei den Astrologen der Alten Welt vorfinden. Möglicherweise mischte sich dabei das Interesse rein astronomischer Natur mit astrologischen Vorstellungen.

Die Knotenschnüre der Inka. Während die Mayas Mittelamerikas uns in ihren Zahlenhieroglyphen verraten, über welch erstaunliches astronomisches Wissen sie verfügten, liegen nur wenige Quellen über die himmelskundlichen Erkenntnisse der alten Peruaner vor. Die Inka besaßen keine Schrift und haben uns keine den Mayas ähnliche Inschriften hinterlassen. Über die Astronomie der Inka erfahren wir durch die spanischen Chronisten oft erst viele Jahre nach der Eroberung und gründlichen Zerstörung des Reiches zum Teil sich widersprechende oder unverstandene Angaben. Nur die in Ruinen liegenden Sonnentempel sprechen von

---

* Wir wollen hier zwei uns öfters begegnende Begriffe erläutern, die die Umlaufszeiten der Planeten betreffen: Die Umlaufszeit eines Planeten in seiner Bahn um die Sonne nennt man seine *siderische Umlaufszeit*. Dagegen heißt der Zeitraum, der verstreicht, bis für einen Erdbeobachter ein Planet wieder dieselbe Stellung relativ zur Sonne hat wie zu Anfang dieses Zeitraumes, die *synodische Umlaufszeit* des Planeten. Letzterer entspricht also z. B. das Zeitintervall zwischen zwei aufeinanderfolgenden Oppositionen eines äußeren Planeten oder dasjenige zwischen zwei aufeinanderfolgenden unteren Konjunktionen eines inneren Planeten. Infolge der Exzentrizität der Planetenbahnen weisen die synodischen Umlaufszeiten zum Teil erhebliche Verschiedenheiten auf. Den wahren mittleren Wert der synodischen Umlaufszeit eines Planeten konnte man früher daher nur durch langandauernde Beobachtungen bestimmen. Heute kann ihn der Astronom sofort aus der siderischen Umlaufszeit des betreffenden Planeten und der der Erde berechnen.

einem ausgeprägten Sonnenkult, bei dem wissenschaftliche Beobachtung mit religiöser Vorstellung verquickt war. Die Inka waren Meister der Statistik. In ihren Knotenschnüren, den sogenannten Quipus, die nach dem Dezimalsystem als Einer, Zehner usw. geknüpft waren, offenbart sich die soziale und wirtschaftliche Organisation des Reiches. Interessant ist die Tatsache, daß in den inkaischen Quipus auch himmelskundliches Wissen vermerkt

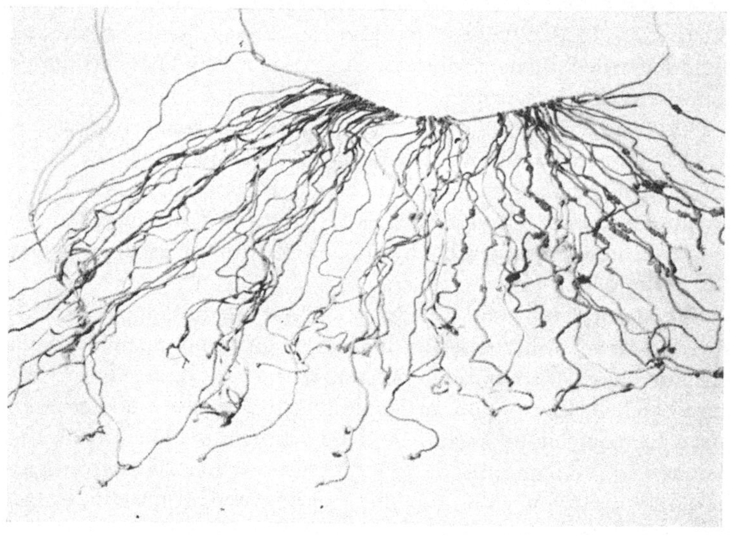

Abb. 1. Inkaischer Quipu (Knotenschnurschrift)

wurde. Der Ethnologe E. v. Nordenskiöld stieß bei der Auszählung von zahlreichen kompletten Quipus auf Zahlengruppen, die den synodischen Umläufen der Planeten Merkur, Venus und Jupiter (oder Vielfachen dieser Perioden) entsprachen. Der Verfasser dieses Buches, dem 19 ausgewertete Knotenschnüre des Museums für Völkerkunde Berlin zur Diskussion zur Verfügung standen, fand in diesen Quipus ähnliche Aufzeichnungen. (Nicht veröffentlicht.) Man könnte an einen Zufall denken, aber es liegen zuviel Fälle vor, so daß sicherlich die Inka sich lange Zeit mit der Beobachtung der Planetenbewegung beschäftigten. Nur so lassen sich die in den Knotenschnüren vermerkten Zahlen erklären. (Anzahl der Fälle in Klammern.)

Tabelle 1.

Synodische Umlaufszeiten der Planeten in Tagen nach inkaischen Knotenschnüren

Autor	Merkur	Venus	Jupiter
E. v. Nordenskiöld	115,9^{d} (5)	584,5^{d} (6)	397^{d} (1)
Rolf Müller	115,9 (9)	584,8 (6)	398,1 (3)
Moderner Wert	115,88	583,92	398,88

Planetentafeln in Babylon. Von den Völkern der Alten Welt haben uns die Babylonier viele Hunderte von Schrifttafeln astronomischen Inhalts hinterlassen. Eine nicht unbedeutende Anzahl von diesen verzeichnet Planetenbeobachtungen. Was einem bei der Lesung dieser Tafeln auffällt, ist die geradezu unbekümmerte und nüchterne Aufzeichnung der Planetenstände. Offenbar lag den Babyloniern gar nicht viel daran, die Gesetze der merkwürdigen Wanderungen der Planeten zu ergründen. Was sie dagegen brennend interessierte, waren die Zusammenhänge der Erscheinungen der fünf hellen Wandelsterne mit dem Schicksal des Menschen und ihres Volkes. So entwickelte sich aus der babylonischen Beobachtungskunst ein strenges astrologisches System. Es ging weit weniger darum, weshalb etwa Jupiter stillstand und dann rückwärtslaufend seine merkwürdige Schleifenbahn zwischen den Sternen zeichnete. Nein, man wollte ergründen, ob dies ein glückliches Zeichen war oder gar Unheil bedeutete. Die Vermischung zwischen astronomischer Beobachtung und astrologischer Deutung findet sich besonders ausgeprägt in vielen assyrischen Texten, von denen z. B. einer so lautet: „Wenn Marduk (Jupiter) zu Beginn des Jahres erscheint, wird die Ernte gedeihen. Merkur ist in Nisannu erschienen. Wenn Merkur sich dem Stern Li (Aldebaran) nähert, wird der König von Elam sterben. Merkur erscheint im Stier und geht mit den Plejaden unter . . ."

Der Stern von Bethlehem. Um die Zeitenwende gab es in Sippar bei Babylon eine Schule der Astrologen. Ein aus Beobachtungen dieser Schule hervorgehender — allerdings lückenhafter — Keilschrifttext, den P. Schnabel 1925 entzifferte, verzeichnet für das Jahr 7 v. Chr. die nüchterne, sich fünfmal wiederholende Angabe:

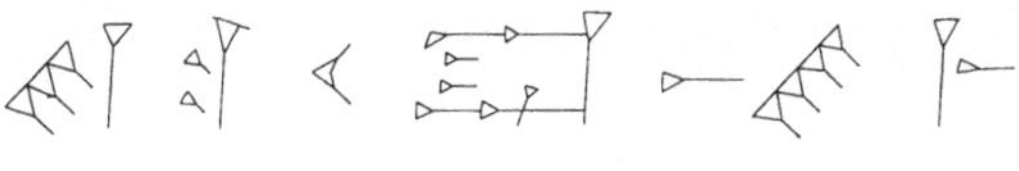

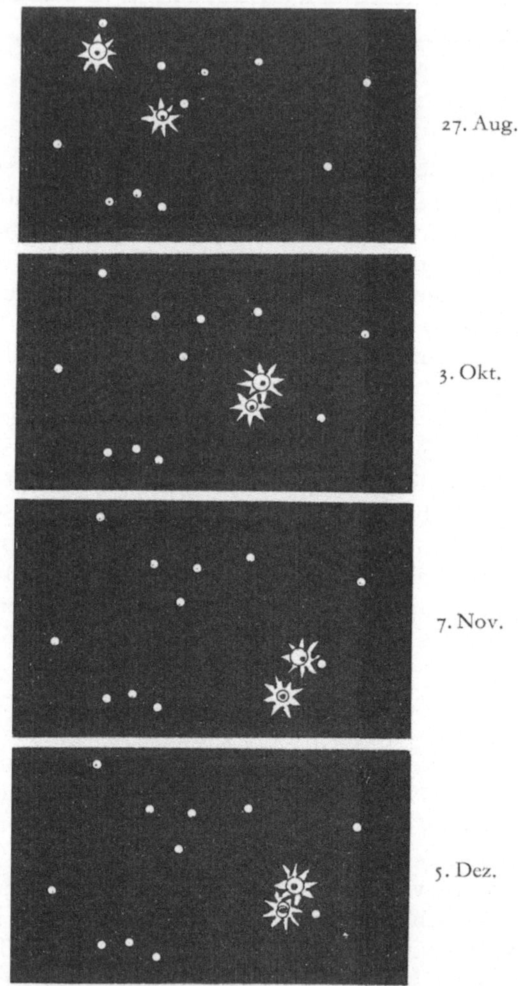

Abb. 2. Eine dreifache enge Konjunktion der Planeten Jupiter und Saturn im Sternbild Fische im Jahre 7 v. Chr. hat von historischer und astronomischer Sicht aus die Erzählung vom Stern von Bethlehem ausgelöst. (Hier die zweite und dritte enge Begegnung; Jupiter ist der höher stehende der beiden Wandelsterne.) Nach R. Hennig, Rätselfragen der Kulturgeschichte, Verlag Druckhaus, Berlin (1950)

„Mulubabbar u kaimambu ina zibbati“ = Jupiter und Saturn in den Fischen. Wir dürfen diesen Text als ein wichtiges Zeitdokument bezeichnen. Der Text fällt mit der Geburt Jesu zusammen und sagt zunächst, daß ein sich anbahnendes seltenes dreimaliges Treffen der Planeten Jupiter und Saturn in den Fischen anscheinend die Sternbeobachter in Babylon beschäftigte. Diese Konjunktion des Jahres 7 v. Chr., bei der die beiden Planeten um den 7. Dezember so dicht zusammentraten, daß sie fast zu einem Gestirn verschmolzen, habe, so meinte bereits Kepler, den Mathäusbericht vom Stern von Bethlehem ausgelöst*. Astrologisch bedeutungsvoll war dabei die Tatsache, daß im jüdischen Volk die Erwartung und der Glaube bestand, der Messias werde erscheinen, wenn Jupiter und Saturn im Zeichen Fische zusammentreten. Aus astrologischer Sicht betrachtet, konnte es für die semitischen Weisen in Babylon ein recht bedeutsames göttliches Zeichen gewesen sein. Der Bericht des Evangelisten Mathäus, der den Heiligen Drei Königen — nennen wir sie Magier oder Sterndeuter — das Wort in den Mund legt: „Wir haben seinen Stern gesehen im Morgenland“ erweist sich demnach, wie es besonders R. Hennig mit Überzeugungskraft vertritt, als „unzweifelhaft geschichtlicher Vorgang“. Dies um so mehr, wenn man das biblische Wort *εν τη ανατολη* (Singularform) sinngemäßer mit „wir haben seinen Stern im Frühaufgang beobachtet“ liest.

Ägypten. Die zuweilen vertretene Meinung, daß die Ägypter in der Astronomie keine Meister waren, geht wohl auf die Tatsache zurück, daß sie uns keine sorgfältigen Beobachtungsreihen hinterlassen haben. Obwohl ihr ausgezeichneter Kalender kaum Beziehungen zu himmelskundlichen Problemen aufwies, wurde sein Wert für die Praxis astronomischer Rechnung von den hellenistischen Astronomen bald erkannt und fand hier Verbreitung. Hierauf beruht vielleicht das in griechischer Überlieferung betont zu Tage tretende Lob von dem hohen astronomischen Wissen der Ägypter, die Plato die Väter aller Wissenschaften nennt.

* Der Mönch Dionysius Exiguus, auf den die christliche Chronologie zurückgeht, legte die Geburt Jesu auf das Jahr 753 nach der Gründung Roms, was dem Jahr 1 v. Chr. (historische Zählung) entspricht. Die Datierung ist falsch, denn die Historiker neigen dazu, das wahre Geburtsjahr Christi etwa auf die Jahre —7 bis —4 zu legen.

Von den Planeten ist wenig bekannt, wohl unterschied man die Wandelsterne von den Fixsternen, doch sind tiefere Kenntnisse oder Beobachtungen nicht anzutreffen. Auch für den von Aristoteles verbreiteten Bericht, daß die Ägypter Planetenbedeckungen durch den Mond beobachtet hätten, gibt es keine Zeugnisse. Nicht viel anders steht es mit dem von Makrobius überlieferten „Ägyptischen System", wonach der Kreis, in dem sich die Sonne bewegt, vom Kreis des Merkurs und der Venus umzirkelt wird, ähnlich, wie es sich viel später Tycho Brahe vorstellte. (s. S. 15.) So kommt es (nach Makrobius), daß diese beiden Gestirne, wenn sie durch ihre oberen Bögen laufen, über der Sonne gefunden werden, aber umgekehrt die Sonne über ihnen steht, wenn sie im unteren Bogen kreisen. Möglicherweise wird hier auf die Rolle der Venus als Morgen- und Abendstern angespielt, denn Venus tritt später jedenfalls als Horus in doppelköpfiger Gestalt in Ägypten in Erscheinung.

China. Das Weltbild und die Sternkunde war im alten China mit kosmologischen Spekulationen und einer sehr eigenen Astrologie durchsetzt. Über das Alter der ältesten chinesischen Kulturen liegen wenig zuverlässige Erkenntnisse vor. Nach neueren Ausgrabungen scheinen sie bis Ende des 3. vorchristlichen Jahrtausends zurückzureichen; aus dieser Zeit stammt auch die erste astronomische Überlieferung. In der späteren Han-Zeit (200 v. Chr. bis 200 n. Chr.), in der die von Konfuzius (Ku'ngtse, um 551 v. Chr.) aufgestellten Grundsätze der sittlichen Weltordnung und ihre „5 Beziehungen" noch lebendig sind, findet man einen beachtlichen Aufschwung der Beobachtungskunst. Den Planeten werden an dem in 5 Paläste aufgeteilten chinesischen Himmel 5 Wandelzustände zugeschrieben. Man nennt sie nicht mit Namen, sondern benutzt zu ihrer Charakterisierung die 5 Grundstoffe Holz, Feuer, Erde, Metall und Wasser, die weit anschaulicher den wohltätigen oder verderblichen Einfluß hervortreten lassen. Merkur ist der dunkle und gebietet dem Wasser. Die glänzend helle Venus ist Metall und der rötliche Mars das Sinnbild des Feuers. Jupiter, dessen Licht man weißgrün schimmern sah, wird dem grünenden Holz zugeordnet, und der in China glückbringende Saturn steht in Beziehung zur fruchtbaren Erde. Sehr früh taucht ein Jupiterzyklus von 12 Zeichen als „großes Jahr" auf, der sich auf den rund 12 Jahre betragenden (siderischen) Umlauf des Jupiters um die Sonne gründete. Er muß auf viele Jahrzehnte umfassende Beobachtungen zurückgehen.

Über das Zusammentreffen der Wandelsterne mit der Sonne hatte man im alten China klare Vorstellungen. So wußte man, daß z. B. Venus innerhalb von 8 Jahren fünfmal mit der Sonne zusammenkam oder daß bei Saturn diese Periode des Zusammentreffens in 59 Jahren 57mal stattfand. Aus diesen alten Angaben lassen sich die hier durch Zahlenverhältnisse ausgedrückten synodischen Umlaufszeiten der Planeten berechnen, sie stimmen bis auf Bruchteile des Tages mit den modernen Werten überein. In den späteren Epochen hoher astronomischer Entfaltung ist vielfach westlicher, auch über Indien eindringender Einfluß zu erkennen.

Die griechischen Philosophen. Die Griechen übernahmen mancherlei astrologisches Gedankengut benachbarter Völker, aber ihre Philosophen sahen im Lauf der Planeten weit mehr die kosmische Ordnung und die Gesetze der Natur. Pythagoras (um 580 v. Chr.) und seine Schüler lehrten, daß die Sterne an einer Kristallsphäre angeheftet seien, die sich um die Erde bewegt. Auch die sieben Wandelgestirne drehten sich auf ihren eigenen durchsichtigen Sphären um die im Mittelpunkt der Welt stehende Erde. Reihenfolge und Entfernung der Sphären bestimmten harmonische Klanggesetze, so daß gottbegnadete Menschen die Bewegung der Sphären zuweilen tönen hörten („Harmonie der Sphären"). Unsere Abb. 3 zeigt dieses geozentrische System der griechischen Philosophen.

Es tauchten zwar schon in frühgriechischer Zeit bei einigen Pythagoräern auch andere, allerdings recht verworrene Gedanken über die Bewegungsverhältnisse der Planeten auf. Danach sollte sich die Erde mit Sonne, Mond und den Planeten um ein den Menschen unsichtbares Zentralfeuer drehen. Weit präziser war das Weltbild Aristarchs, der schon um 280 v. Chr. — also 18 Jahrhunderte vor Kopernikus — das Bild der heliozentrischen Kreisung der Planeten klar erkannte. Aber die Gedanken Aristarchs fanden keinen Widerhall, weil sie, wie man meinte, der Logik entbehrten und Mangel an Ehrfurcht aufwiesen. Hatte nicht der große Aristoteles etwa 50 Jahre früher eine Fülle von philosophischen Beweisen erbracht, daß die Erde den Mittelpunkt des Alls bildete, um den die Wandelsterne kreisten! So blieb die Lehre des Aristoteles bis in das späte Mittelalter die einzige und unbestrittene Quelle der Naturerkenntnis. Alle Bemühungen waren darauf ausgerichtet, die Gesetze der Planetenbewegung zu

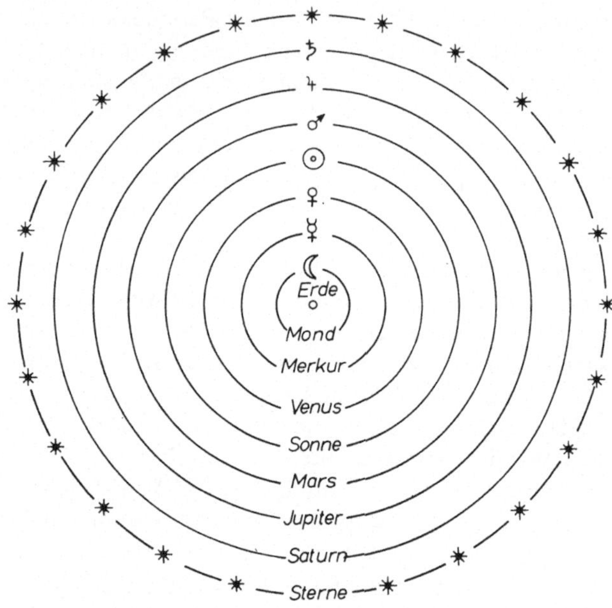

Abb. 3. Das Ptolemäussche Weltsystem

erkennen. Das war eine wahrlich schwierige Aufgabe, denn die Beobachtung zeigte, daß sich die Wandelsterne ja keineswegs gleichförmig auf ihren Sphären bewegten.

Epizyklische Bewegungen. Nehmen wir an, wir hätten während und nach der Marsopposition des Jahres 1965 Tag für Tag — so wie es auch die alten Gelehrten taten — die Stellung des Planeten zu den benachbarten Sternen beobachtet und die Ergebnisse in eine Sternkarte eingetragen. Wir erhielten dann das in Abb. 4 gezeigte Bewegungsbild. Mars zieht um die Opposition, die am 9. März 1965 stattfand, eine große Schleife am Himmel, die mit seinem Stillstand (Planet stationär) am 26. Januar begann. Danach wurde der Planet „rückläufig" und am 21. April wieder stationär, um dann „rechtläufig" in üblicher Richtung von West nach Ost unter den Sternen fortzulaufen. Die Erklärung der Schleifenbahnen der Planeten, die heliozentrisch betrachtet einfach dadurch zustande kommt, daß die Erde während der

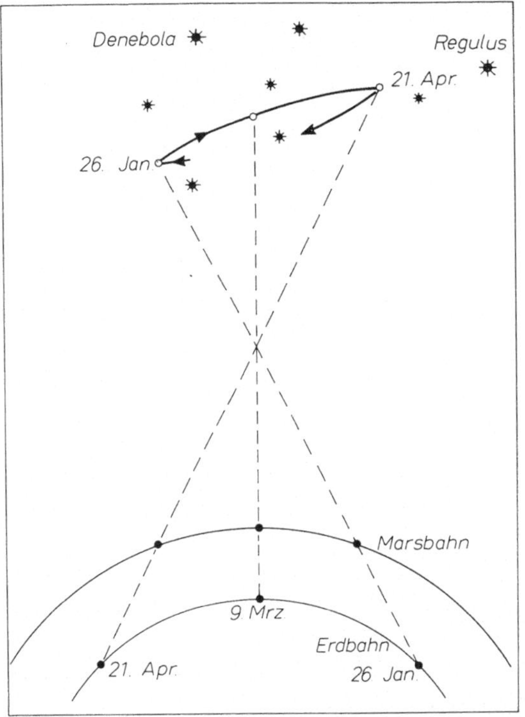

Abb. 4. Die Marsschleife um die Zeit seiner Opposition im Jahre 1965

Opposition den Planeten überrundet, machte den griechischen Philosophen viel Kopfzerbrechen. Ihr hochentwickeltes Talent bei der Bewältigung mathematischer und geometrischer Probleme führte sie zu einer Lösung, die die Planetenschleifen durch epizyklische Bewegung deuten kann. Der Verlauf einer Epizykel ist leicht erklärt (s. dazu Abb. 5): Der Kreisbogen *D*, der ein Stück der Kristallsphäre darstellt, und den man Deferenzkreis nannte, bewegt sich nach griechischer Vorstellung gleichmäßig um die Erde. Der Planet, so meinte man, war auf einer Nebensphäre, einem Kreis oder sagen wir einem Rad, das sich gleichförmig dreht, befestigt. Dabei nahm der Mittelpunkt des „Rades" an der gleichförmigen Bewegung der Kristallsphäre teil. Bei solchen Bewegungsvorgängen beschreibt die äußere Speiche des Rades die in unserer Abb. 5 gezeigten birnenförmigen Figuren, die man Epizyklen nannte.

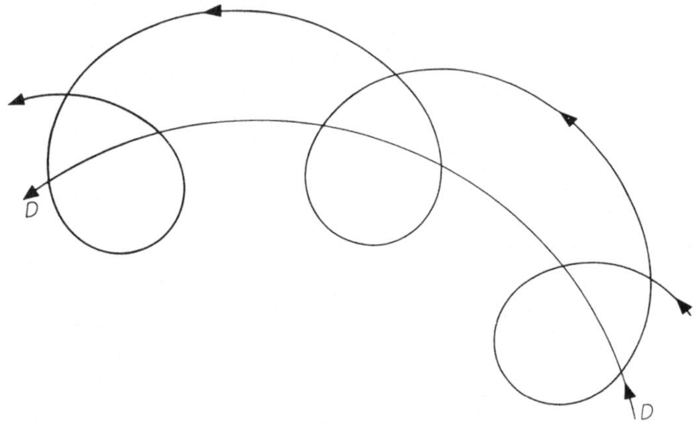

Abb. 5. Zur Entstehung der epizyklischen Bewegung

Es war dies gewiß eine elegante Lösung, die aber dennoch nicht den wahren Verhältnissen entsprach, weil ja die Wandelsterne streng genommen nicht gleichförmig in Kreisen, sondern in Ellipsen ungleichförmig die Sonne umkreisen. Diese sich in den Beobachtungen zeigenden Schwankungen versuchte man durch weitere ausgleichende Kreise zu erklären, so daß sich schließlich ein überaus kompliziertes System zur Deutung der Bewegungsvorgänge entwickelte.

Die Planetentafeln der arabischen Astronomen. Die arabische Astronomie erfuhr nach Ausbreitung des Islams zunächst in Bagdad und später im maurischen Spanien einen beachtlichen Aufschwung. Wenn auch der erste Impuls aus Indien kam, so wurde die weitere Entwicklung vollkommen von den Lehren der griechischen Philosophen beherrscht. Man deutelte sozusagen am

Weltsystem des Ptolemäus herum und ersann dabei auch manche neuen Erkenntnisse, um aber doch letzten Endes nichts Besseres an ihre Stelle setzen zu können. König Alfons X. (um 1252), Beschützer und Förderer der arabischen Astronomen, soll die Kompliziertheit der Aufgaben durch den Ausspruch gekennzeichnet haben: „Hätte mich Gott bei der Erschaffung der Welt um Rat gefragt, so hätte ich einen einfacheren Mechanismus vorgeschlagen.“ Die Araber waren überaus fleißige Beobachter und ihre sorgfältigen Beobachtungen der Wandelsterne führten zur Verbesserung der alten Planetentafeln, von denen die Hakemittafeln und die Toledotafeln (um 1000 bzw. 1080) erwähnt seien. Besondere Bedeutung gewannen als Grundlage für die weitere Entwicklung und Erforschung des Planetensystems die von König Alfons X. mit Unterstützung arabischer, christlicher und jüdischer Astronomen in Toledo 1252 veröffentlichten „Alfonsinischen Tafeln“. Schließlich sei hier noch die vom Mongolenfürsten Ulug Beg (um 1420) in Samarkand (heutiges Usbekistan, UdSSR) errichtete Sternwarte erwähnt, auf der vorzügliche Planetenbeobachtungen betrieben wurden.

Die Lehre des Ptolemäus überlebte auch diese Blütezeit der arabischen Astronomie. Bis ins späte Mittelalter verteidigte man mit Verbissenheit und Unduldsamkeit die Mittelpunktsstellung der Erde und die sich daraus ergebende Planetenkreisung (geozentrisches Weltsystem). Es war ein Weltsystem, das auf ein ehrwürdiges Alter zurückblicken konnte und von Gelehrten höchster Autorität begründet und getragen wurde. An ihm zu zweifeln galt als vermessen, ja, von kirchlicher Sicht aus als Sünde. Nur der charakterstarke Geist eines Nikolaus Kopernikus konnte es wagen, dieses Weltbild zu stürzen.

Nikolaus Kopernikus. Bevor im Jahre 1543 in Nürnberg Kopernikus' berühmtes Hauptwerk „De revolutionibus orbium coelestium“ erschien, hatte die gelehrte Welt durch an Freunde versandte Mitteilungen und einen in Danzig 1540 erschienenen Vorbericht (Narratio prima) von der neuen Lehre Kenntnis erhalten. Kopernikus hat sein großes Werk, dem er eine Widmung an Papst Paul III. voranstellte, mit der vorsichtigen Bemerkung eingeleitet, daß die Bewegung der Erde nur eine von vielen möglichen Hypothesen sei. Er läßt die Planeten noch in Kreisen um die Sonne laufen und bedarf zur Erklärung des beobachteten Planetenlaufes noch der Einführung eigener Haupt- und Nebenkreise. In seinen Hauptzügen entspricht es aber unseren heutigen Anschauungen (heliozentrisches Weltbild).

Um einen Einblick von seinem Lebenswerk zu erhalten, wollen wir Kopernikus selbst zu Wort kommen lassen. (De revolutionibus... 1. Buch, 10. Kap. nach der deutschen Wiedergabe von E. Zinner.) „Die höchste und erste aller Sphären ist die der Fixsterne, die sich selbst und alles erhält und daher unbeweglich ist, als der Ort des Weltalls, auf welchen die Bewegung und Stellung aller übrigen Gestirne bezogen wird ... Es folgt als erster Planet der Saturn, der in 30 Jahren seinen Umlauf vollendet, hierauf Jupiter mit einem zwölfjährigen Umlauf, dann Mars, der in zwei Jahren seine Bahn durchläuft. Die vierte Stelle in der Reihe nimmt der jährliche Umlauf ein, in welchem die Erde mit Mondbahn als Epizyklus enthalten ist, wie wir behaupten. Auf den fünften Platz ist Venus mit neunmonatiger Umlaufszeit beschränkt; den sechsten hat Merkur inne, der in einem Zeitraum von 80 Tagen umläuft. In der Mitte von allen aber steht die Sonne. Wer aber möchte in diesem schönsten Tempel diese Leuchte an einen anderen, besseren Ort setzen als diesen, von dem aus sie alles zu erleuchten vermag? Auch wird die Erde nicht im mindesten des Dienstes des Mondes beraubt, sondern der Mond steht in innigster Beziehung zur Erde ... Wir finden also in dieser Ordnung ein bewundernswertes Gleichmaß und einen bestimmten harmonischen Zusammenhang der Bewegung und Größe der Bahnen, wie er anderweitig nicht gefunden werden könnte ... Dies alles ergibt sich aus derselben Ursache, nämlich der Erdbewegung. Daß aber nichts Derartiges an den Fixsternen zur Erscheinung kommt, beweist ihre unermeßliche Entfernung, die sogar die Bahn der jährlichen Bewegung oder ihr Abbild für unsere Augen verschwinden läßt."

Tycho Brahe. Die Veröffentlichung „De revolutionibus" fand zunächst mehr Ablehnung als Anerkennung. Nicht nur kirchliche Kreise, sondern auch namhafte Gelehrte, unter ihnen der große dänische Astronom Tycho Brahe, sprachen sich zum Teil mit gewichtigen Gründen gegen die neue Lehre aus. „Aus eigener Eingebung" heraus erdachte Tycho Brahe im Jahre 1583 ein neues

Weltsystem. Dabei ging er von der alten Vorstellung aus, nach der die Erde den Mittelpunkt des Weltalls bildete, um die sich der Mond, die Sonne und die Sphäre der Fixsterne in 24 Stunden drehten. Das Neue des tychonischen Systems bestand darin, daß die Sonne, während sie die Erde umkreiste, die 5 Planeten, die

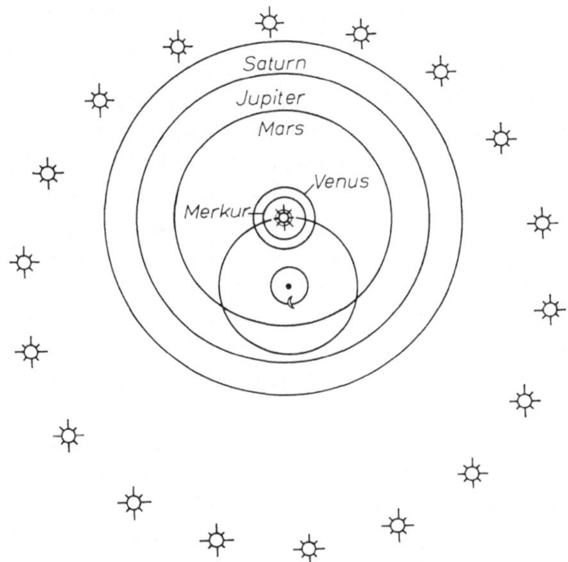

Abb. 6. Das Weltsystem des Tycho Brahe. Im Mittelpunkt steht die Erde (schwarzer Punkt) mit der Mondbahn. Die Sonne, von allen Planeten umkreist, bewegt sich um die Erde

wiederum die Sonne umrundeten, mitnahm (Abb. 6). Tycho Brahe erschien der Gedanke der Erdbewegung wohl einfach unerträglich, so entschloß er sich zu dieser Lösung, in die er fortschrittliche Gedanken von Kopernikus einbaute und dennoch die von der Kirche geforderte Mittelpunktsstellung der Erde beibehalten konnte. Tycho war übrigens sehr stolz auf sein Weltbild und keineswegs damit einverstanden, es als Abänderung des kopernikanischen Systems bezeichnet zu sehen. Obwohl das von Tycho erdachte System der Bewegung der Planeten zunächst begeisterte Anhänger — und auch Plagiatoren — fand, gehörte es doch schließlich der Vergangenheit an. Wenn also auch Tychos Vorstellungen über das Weltbild für die Erforschung der wahren Natur der Planetenbahnen unfruchtbar blieben, so ist sein Name doch sehr eng mit den in seiner Zeit sich anbahnenden Fortschritten verbunden. Tycho Brahe war ein Meister der Beobachtungskunst und seine zahlreichen Planetenbeobachtungen sollten in der Hand Keplers dazu beitragen, das Werk des Kopernikus entscheidend zu erweitern.

Die Keplerschen Gesetze. Wir erwähnten es bereits, daß dank der vortrefflichen Beobachtungen Tycho Brahes sein Schüler Johannes Kepler imstande war, die wahre Natur der Planetenkreisung zu entschleiern. Sechsjährige mühevolle Rechenarbeit führte Kepler zu der Erkenntnis, daß die Planeten nicht in kreisförmigen, sondern elliptischen Bahnen sich um die im Brennpunkt der Ellipse stehende Sonne bewegten. Der Gelehrte faßte dieses 1. Keplersche Gesetz in die Worte:

„Die Planeten bewegen sich in Ellipsen, in deren einem Brennpunkt die Sonne steht."

Diesem 1. Gesetz schloß sich gewissermaßen als logischer Beweis das 2. Keplersche Gesetz an:

„Der Radiusvektor (Leitstrahl) eines Planeten überstreift in gleichen Zeiten gleiche Flächen."

Die Abb. 7 erklärt uns die von Kepler entdeckten Begriffe der Planetenbewegungen: Im Brennpunkt der Ellipse steht bei S_1 die Sonne, während der zweite Brennpunkt bei S_2 liegt. *M* ist der Mittelpunkt der großen Achse der Ellipse*. Befindet sich der in einer solchen elliptischen Bahn um die Sonne kreisende Planet bei *P*, so hat er seine größte Sonnennähe, das Perihel seiner Bahn erreicht. Bei größter Sonnenferne steht er bei A, dem Aphel seiner Bahn. Die jeweilige Verbindungslinie des Planeten zur Sonne nennt man den Radiusvektor oder Leitstrahl. Nun spricht das 2. Keplersche Gesetz davon, daß die Leitstrahlen in gleicher Zeit gleiche Flächenräume (in der Ellipse) überstreichen. In unserer Abb. 7 haben wir die drei Flächenräume I, II und III so durch die Leitstrahlen abgegrenzt, daß die drei schraffierten Flächenräume gleich groß sind. Ein Blick auf unsere Abbildung

* Eine Ellipse ist der geometrische Ort der in einer Ebene liegenden Punkte, deren Abstände von zwei festen Punkten (die Brennpunkte der Ellipse) dieselbe Summe haben.

lehrt uns sogleich den Sinn des 2. Keplerschen Gesetzes. Während der Planet nämlich etwa im Aphel (um A) nur ein kurzes Stück seiner Bahn langsam durchläuft, ist im Perihel der Bahnbogen viel größer, der Planet muß sich sozusagen beeilen, um in der gleichen Zeit das Bahnstück um *P* zu durchlaufen. Eine Zwischenstellung bildet der Bahnbogen um den Flächenraum II.

Die Abweichung von der Kreisbahn, die Exzentrizität der Bahn, hängt offensichtlich vom Abstand der Brennpunkte (in derem

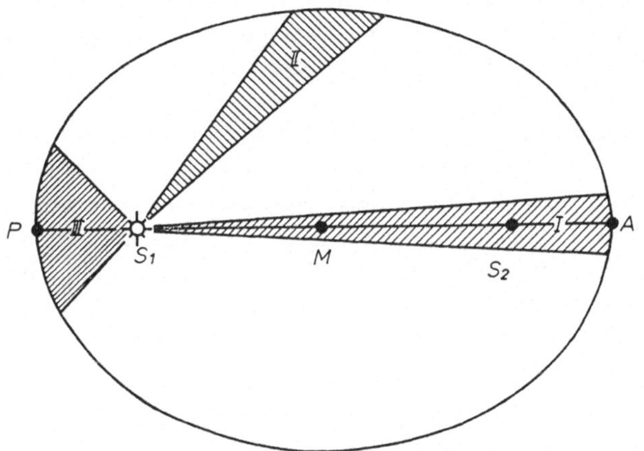

Abb. 7. Zur Erklärung des 1. und 2. Keplerschen Gesetzes

einen die Sonne steht) vom Mittelpunkt *M* der Ellipse ab. Liegt S_1 weit vom Mittelpunkt *M* entfernt (ex centro), so wird bei stark elliptischer Figur die Exzentrizität groß; verschmilzt S_1 mit *M* zu einem Punkt, so geht die Ellipse in den Kreis über.

Der Streckenabstand $S_1\,M$ gibt uns also ein Maß für die Exzentrizität *e*, die sich aus der Formel $e = \frac{S_1 M}{M P}$ berechnen läßt.

Die Exzentrizität wird nahezu 1 beim Übergang in eine unendlich weitgestreckte Ellipse, so daß die Exzentrizität theoretisch zwischen 0 und 1 liegen kann. Bei der Ellipse unserer Abb. 7 beträgt die Exzentrizität = 0,65, sie ist im Hinblick auf die Exzentrizitäten, die die 9 großen Planeten aufweisen, stark überzeichnet. Denn bis auf die Bahnen von Merkur, Mars und Pluto, deren Exzentrizitäten 0,21, 0,09 bzw. 0,25 betragen, sind die Bahnen der übrigen 6 Planeten nahezu kreisförmig. Bei den kleinen Planeten findet man allerdings öfters elliptische Bahnformen, bei denen Werte der Exzentrizität zwischen 0,4 bis 0,8 auftreten können. Der kleine Planet Hidalgo ($e = 0{,}65$) kreist in einer Ellipse um die Sonne, die genau der Ellipse in unserer Abb. 7 entspricht.

Die Krönung von Keplers Gesetzen über die Planetenkreisung bildete sein drittes Gesetz, das er im Mai 1618 aufstellte. Es erfaßt gesetzmäßig die Verhältnisse, die zwischen den Umlaufszeiten und den halben großen Achsen der Planetenellipsen bei zwei Planeten bestehen. Dieses 3. Keplersche Gesetz lautet in der meist angegebenen Übertragung:

„Die Quadrate der Umlaufszeiten der Planeten verhalten sich wie die Kuben (dritten Potenzen) ihrer großen Halbachsen."

Blicken wir zum Verständnis dieses Gesetzes nochmals auf unsere Abb. 7. Hier ist die Strecke $PM = MA$ die halbe große Achse der Planetenellipse, wir wollen sie abgekürzt mit a bezeichnen. Nennt man die Umlaufszeit eines Planeten $= U$, so besagt das 3. Keplersche Gesetz, daß z. B. zwischen den Planeten Venus (v) und Erde (e) folgende Beziehung besteht: $\frac{U_v^2}{U_e^2} = \frac{a_v^3}{a_e^3}$. Die große Bedeutung dieser Beziehung, die natürlich für jeweils zwei beliebige Planeten gilt, liegt darin, daß man eine der Größen, die etwa unbekannt ist, aus den bekannten anderen drei berechnen kann. Es muß noch vermerkt werden, daß Keplers 3. Gesetz insofern nur näherungsweise gilt, weil es die Massen der Planeten gegenüber der Sonnenmasse vernachlässigt. Durch I. Newton erfuhr es seine endgültige Verbesserung.

Kepler fegte mit seinen Gesetzen die Epizyklen, Deferenten sowie ähnliche alte Begriffe davon, und sein Werk bildet den Anfang moderner Anschauungen über die Bewegungen der Planeten des Sonnensystems. Zum Abschluß dieser Betrachtungen soll uns Tabelle 2 sowohl eine Übersicht über die Umlaufszeiten und Entfernungen der Planeten geben als uns auch die Gültigkeit des 3. Keplerschen Gesetzes vor Augen führen. Zu diesem Zweck wurde in der Spalte 3 das Quadrat der Umlaufszeit (U^2) und in Spalte 6 die dritte Potenz der astronomischen Einheitsentfernung (AE^3) gebildet. Die Umlaufszeiten U sind siderische Jahre; es ist dies die Zeit, die vergeht, bis der Planet wieder zum gleichen Punkt der Himmelssphäre (zum gleichen Fixstern) zurückgekehrt ist. (Länge des siderischen Jahres = 365,256 Tage.) Die Entfernungen sind in Millionen Kilometern und in astronomischen Einheiten (AE) gegeben. AE = Einheit der großen Achse der Erdbahn = 149,56 Millionen Kilometer.

Tabelle 2. *Umlaufszeiten und Entfernungen der Planeten. Die Tabelle erläutert zugleich das 3. Keplersche Gesetz*

1	2 U Umlauf sid. Jahre	3 U^2	4 Große Halbachse der Bahnellipse Mill. km	5 AE	6 AE^3
Merkur	0,24	0,058	57,91	0,387	0,058
Venus	0,62	0,38	108,21	0,724	0,38
Erde	1	1	149,56	1	1
Mars	1,88	3,53	227,9	1,524	3,54
Jupiter	11,86	140,7	778,3	5,204	140,9
Saturn	29,46	868	1428	9,548	870
Uranus	84,02	7059	2872	19,20	7078
Neptun	164,79	27156	4498	30,08	27203
Pluto	249,17	62086	5910	39,52	61724

Newtons Gravitationstheorie. Im Jahre 1644 veröffentlichte R. Descartes (Cartesius) eine Wirbeltheorie, nach der jedem Planeten eigene Ätherwirbel diese um die Sonne kreisen ließen. Sie erregte zunächst ein gewisses Aufsehen, denn Descartes Ätherstrudel schienen das zu sein, wonach man suchte, gaben sie doch eine Erklärung für das Wirken von Kräften im Sonnensystem. Die Theorie vermochte aber nicht die damals bekannten Bewegungen der Planeten zu erklären und wurde bald aufgegeben. Als W. Gilbert dann 1600 auf die Wechselkraft des Magneten aufmerksam machte, die auch zwischen den Planeten bestehen könne, veranlaßte dies Johannes Kepler, eine ähnliche, allerdings recht verworrene Theorie zu entwickeln. Nach dieser Theorie sollte die Sonne nicht nur Licht und Wärme, sondern auch magnetische Ausdünstungen aussenden, die die Bewegung der Planeten veranlaßten.

Erst Isaak Newton (1643—1727) blieb es vorbehalten, aus Galileis Regeln vom Fall und der Bewegung der Körper sowie den drei Keplerschen Gesetzen die Kräfte zu bestimmen, durch die alle himmlischen Bewegungen erklärt werden können. Wir müssen es uns versagen, die Theorie in allen Einzelheiten zu erläutern, und beschränken uns darauf, die wichtigsten Folgerungen Newtons aufzuzeigen:

1. Keplers 2. Gesetz von der Geschwindigkeit der Planeten in ihrer Bahn beweist, daß jeder Planet einer Kraft unterliegt, die gegen die Sonne als Mittelpunkt dieser Kraft gerichtet ist.

2. Keplers 1. Gesetz von der elliptischen Bewegung der Planeten erklärt, daß diese zentrale Kraft sich im gleichen Verhältnis verringert wie das Quadrat ihrer Entfernungen zunimmt.

3. Keplers 3. Gesetz von der Beziehung zwischen Umlaufszeiten und Entfernungen der Planeten erklärt, daß alle Planeten von einer Kraft beeinflußt werden, deren Größe von der Masse der Sonne abhängt.

4. Kennt man daher die Länge der Umlaufszeit und die Entfernung eines Planeten von der Sonne, so kann man ihre Masse in Einheiten der Erdmasse berechnen. Bei den Monden der Planeten hängt die wirksame Kraft von der Masse des Körpers ab, den sie umkreisen. So läßt sich bei bekannter Bahn eines Mondes die Masse des Planeten bestimmen.

5. Die Kraft, die den Erdmond in seine Bahn zwingt, ist die gleiche, die auch die Bahn eines irdischen Geschosses bestimmt.

6. Weitere Folgerungen Newtons besagen, daß jeder Planet nicht nur von der Sonne sondern auch von allen anderen Körpern (Planeten) im Sonnensystem angezogen wird, womit Newton die Theorie der Störungen aufgriff.

Ganz allgemein läßt sich Newtons Gravitationsgesetz so formulieren: Jedes materielle Teilchen zieht jedes andere Teilchen mit einer Kraft an, die proportional dem Produkt der Massen beider und umgekehrt proportional dem Quadrat ihrer gegenseitigen Entfernungen ist.

Jeder neue Mond, jeder neue Planet oder Planetoid, jeder neue Komet, jeder neu entdeckte Doppelstern und jeder in den interplanetarischen Raum geschickte künstliche Satellit führt uns nicht nur immer wieder die universelle Gültigkeit der von Newton ersonnenen Theorie vor Augen, sondern rühmt ständig aufs neue seinen Namen.

II. Allgemeine Begriffe

Die Bahnen der Planeten. Ehe wir dazu übergehen, in den folgenden Kapiteln die Planeten im einzelnen zu besprechen, wollen wir uns erst einen Überblick über das Planetensystem als

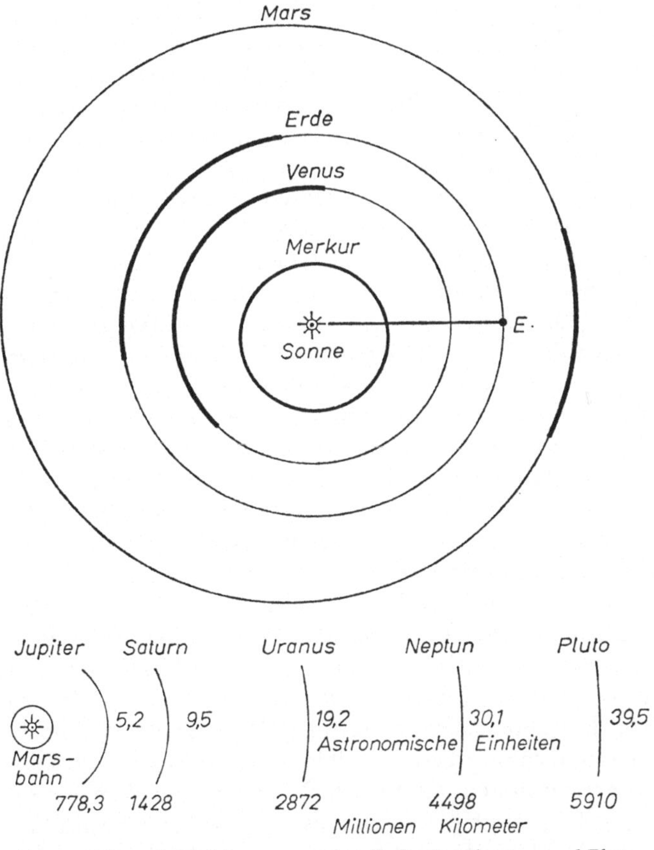

Abb. 8. Oben die Erdplaneten; unten die Jupiterplaneten und Pluto

Ganzes verschaffen und einige Begriffe aufzeigen, die allen Planeten eigen sind. In unserer Tabelle 2, S. 19, haben wir bereits die Umlaufszeiten und die Entfernungen der Planeten aufgeführt, doch soll diese Tabelle noch durch ein Bild erweitert werden. Wir haben dazu in Abb. 8 oben die Bahnen von Merkur und Venus (innere Planeten) sowie die Bahnen von Erde und Mars, der ja der erste äußere Wandelstern ist, aufgezeichnet. Man nennt diese vier Wandelsterne die „Erdplaneten", und wir kommen noch auf die Bedeutung dieses Begriffes zu sprechen. Was uns bei der Betrachtung der Abb. 8 sogleich auffällt, ist die exzentrische Bahnform von Merkur und Mars, während Venus und Erde nahezu kreisförmig die Sonne umrunden. Die unterschiedlichen Bewegungsverhältnisse sollen durch die dick gezeichneten Kreisbögen bildlich erklärt werden. Wenn nämlich Merkur in rund 88 Tagen, also knapp 1/4 Jahr einen Umlauf um die Sonne vollendet, haben die anderen Planeten die immer kleiner werdenden und hervorgehobenen Bogenstücke ihrer Bahnen durchlaufen. Die Verbindungslinie E—Sonne entspricht der mittleren Entfernung Erde—Sonne und wird astronomische Einheitsentfernung (AE) genannt. Dieses Fundamentalmaß im Planetensystem wird uns immer wieder begegnen. Wenn wir die Bahnen der auf Mars folgenden „Jupiterplaneten" im Maßstab der obigen Abbildung einzeichnen wollten, so müßten wir das Format der Buchseite etwa verdreifachen. Wir sind daher bei der Darstellung der Planeten Jupiter bis Pluto auf einen anderen Maßstab übergegangen, bei dem nun der kleine Kreis um die Sonne der Marsbahn entspricht und die angedeuteten Kreisbögen Bahnstücke der fünf weiteren äußeren Planeten darstellen.

Größenverhältnisse. Die Größenverhältnisse der Planeten schwanken in weiten Grenzen, so ist z. B. Jupiter, der Riese unter den Wandelsternen, fast 30mal größer als der kleine Merkur. Dies zeigt besser als Zahlenwerte unsere Abb. 9, in der in den oberen Reihen die wahren Durchmesser aller 9 Planeten eingezeichnet sind. Bei der Betrachtung dieser Abbildung erkennen wir auch sogleich, daß die sogenannten „Erdplaneten" (Merkur bis Mars) gegenüber den „Jupiterplaneten" (Jupiter bis Neptun) verhältnismäßig sehr klein sind. (Pluto, der eine Sonderstellung einnimmt, müssen wir hier außer Betracht lassen.) Ganz andere Größenverhältnisse zeigen die Planeten dem Erdbeobachter; hier bestimmen ihre jeweiligen Entfernungen von uns sehr wesentlich ihre sogenannten scheinbaren Größen, die man in Winkelmaß angibt. In den zweiten Reihen unserer Abb. 9 sind nun die scheinbaren Größen der

Wandelsterne dargestellt und zwar in ihren günstigsten (nächsten) Stellungen zum Erdbeobachter. Man sieht z.B., daß die verhältnismäßig kleine Venus sich dem Fernrohrbeobachter in stattlicher Größe (Durchmesser von 67″) präsentieren kann.

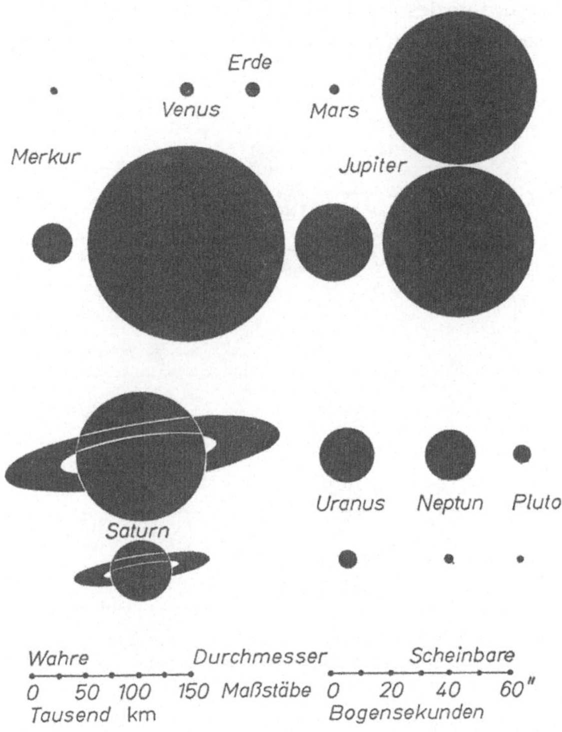

Abb. 9. Wahre und scheinbare Größen der Planeten. Jeweils obere Reihe: Die wahren Durchmesser. Jeweils untere Reihe: Die größten von der Erde aus gesehenen scheinbaren Durchmesser

Die Helligkeiten. Es ist leicht einzusehen, daß auch die Helligkeiten der Planeten weitgehend von ihren Entfernungen von Sonne (die sie beleuchtet) und Erde abhängen. Helligkeiten der Gestirne wurden schon im Altertum in Größenklassen ausgedrückt, wobei man (etwas „über den Daumen“ hin) die hellsten Sterne 1. Größe und die dem bloßen Auge gerade noch sichtbaren

6. Größe nannte. (Natürlich hat der hier eingeführte Begriff „Größe" nichts mit linearer Größe zu tun.) Definitionsgemäß ist nun heute der Helligkeitsunterschied zweier Gestirne, deren Intensitäten sich wie 1 zu 2,5 verhalten, eine Größenklasse. Durch die Beibehaltung des auf das Altertum zurückgehenden Größenklassensystems rückten bei der endgültigen photometrischen Skala

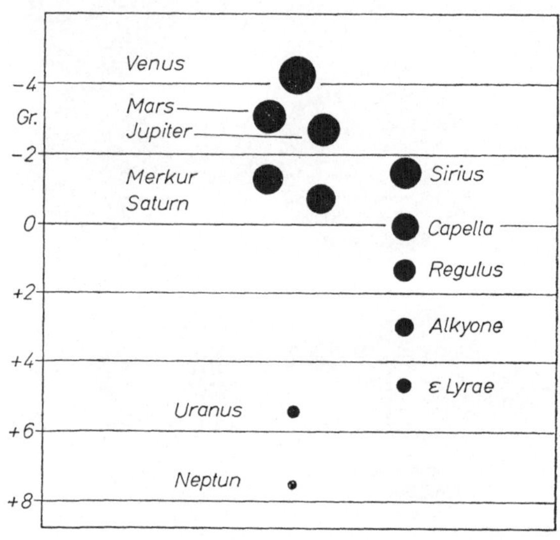

Abb. 10. Die scheinbaren visuellen Helligkeiten der Planeten in günstigsten Entfernungen. (Größenklassen)

einige besonders helle Sterne in den Bereich 0. Größe und zwei der hellsten Sterne (Sirius und Canopus) erhielten negative Größenklassen. Nach dieser Vorbemerkung wird uns sogleich das Schaubild der Planetenhelligkeiten (in Größenklassen) verständlich, das wir in Abb. 10 zeichneten, und das zugleich die Helligkeiten einiger Sterne enthält. Die Planeten Venus bis Saturn können unter günstigen Verhältnissen also negative Helligkeiten haben. Uranus kann gerade noch mit bloßem Auge gesehen werden, und Neptun findet man schon leicht im Feldstecher. Pluto mit einer visuellen Helligkeit von 14,7 Größenklasse kann nur mit großen lichtstarken Fernrohren gesehen werden.

Erd- und Jupiterplaneten. Der bereits erwähnte Unterschied zwischen Erd- und Jupiterplaneten tritt besonders auffallend hervor, wenn man die Massen und Dichten beider Planetenfamilien betrachtet. Zu diesem Zweck haben wir in Abb. 11 zunächst die

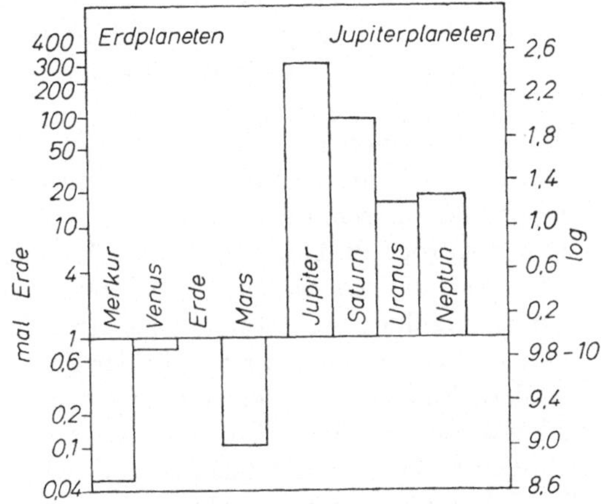

Abb. 11. Die Massen der Planeten. (Einheit Erdmasse = 1.) Unterteilt in Erd- und Jupiterplaneten

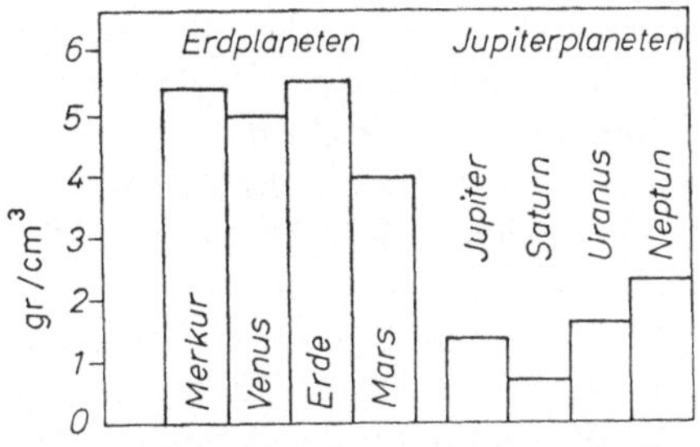

Abb. 12. Die Dichten der Erd- und Jupiterplaneten in Gramm pro Kubikzentimeter. Dichte des Wassers bei 4°C = 1

Massen von Merkur bis Neptun (in Einheiten der Erdmasse) graphisch dargestellt. Während die Massen der Erdplaneten im Durchschnitt nur 0,5 Erdmassen betragen, haben die 4 Jupiterplaneten durchschnittlich 111 Erdmassen. Umgekehrt sind die Erdplaneten weit dichter als die Jupiterplaneten, wie dies das Vergleichsbild in der Abb. 12 zeigt. Die Atmosphären der Erdplaneten bestehen in der Hauptsache aus Kohlenstoff, Stickstoff, Sauerstoff und geringen Anteilen von Wasserstoff und Helium. Demgegenüber sind bei den Jupiterplaneten die letzteren Gase reichlich vorhanden. Stickstoff und die Stickstoff-Wasserstoffverbindung NH^3 = Ammoniak findet man dagegen nur in Spuren kristallisiert in ihren Atmosphären. Der Hauptanteil dieser Gase lagert sich, bedingt durch die Masse der Jupiterplaneten, auf dem Grund ihrer Atmosphären ab.

Das Reflexionsvermögen (Albedo). Die Planeten und ihre Monde leuchten nicht im eigenen Licht, was wir an Lichtmengen empfangen, sehen oder messen, hängt daher von der Oberflächenbeschaffenheit der Körper ab. Der Mond, auch Merkur z. B. mit ihrem dunklen lavaähnlichen Boden, reflektieren natürlich die einfallende Sonnenstrahlung weit weniger als etwa die wolkenverhüllte Venus und alle Jupiterplaneten. In der Photometrie ist es üblich, das Verhältnis des von dem Planeten nach allen Richtungen zurückgeworfenen Lichtes zu dem von der Sonne einfallenden Licht durch den Begriff Albedo auszudrücken. (Albedo eigentlich die Weiße der Oberfläche.) Die Albedo gibt uns also das Reflexionsvermögen des Körpers an.

Die Albedo ist = 1 bei einem absolut weißen (in der Natur nicht vorkommenden) Körper, der alles eingestrahlte Licht reflektiert; sie ist bei jedem Körper anderer Oberflächenbeschaffenheit stets kleiner als 1. Vergleicht man die bei den Planeten ermittelten Albedos mit irdischen Substanzen, so lassen sich aus einem solchen Vergleich Rückschlüsse auf die Oberflächenbeschaffenheit der Planeten und ihrer Monde ziehen.

Unter den verschiedenen Definitionen für die Albedo sind heute zumeist zwei gebräuchlich: In der Bondschen Begriffsbestimmung versteht man unter der Albedo einer Planeten- oder Mondkugel das Verhältnis der nach allen Richtungen diffus reflektierten Lichtmenge zu der in paralleler Strahlung (von der Sonne) einfallenden Lichtmenge. In unserer Abb. 13 sind die Bondschen Albedos der Planeten durch die schwarzen Säulen dargestellt. Man sieht, daß der Boden der Himmelskörper, die von keiner oder nur einer dünnen Lufthülle umgeben sind (Merkur-Erde, Mars, Pluto), den größten Teil des einfallenden Lichtes ab, sorbieren oder auch in Wärme umsetzen. Die dichten Wolkenatmosphären der Jupiterplaneten und auch der Venus reflektieren dagegen im Mittel rund 80% des Sonnenlichtes. Im Gegensatz zu der Bondschen Albedo steht die geometrische Albedo. Man errechnet sie aus den Helligkeiten von Sonne und Planet, wobei weiterhin das Verhältnis der Planetengröße zu der der Erde in die

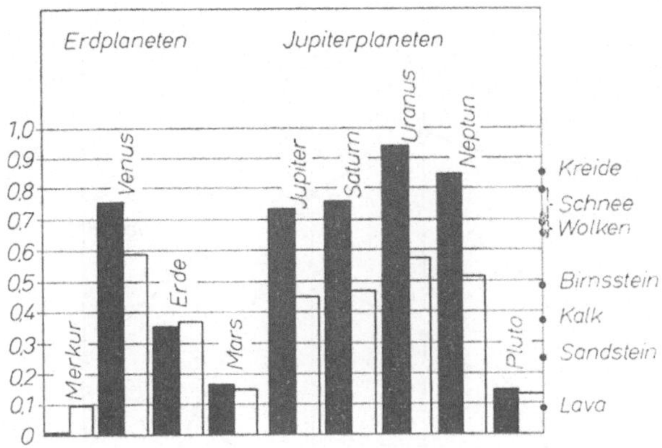

Abb. 13. Das Reflexionsvermögen der Planeten, ausgedrückt durch die Albedo. Die Albedo gibt den Anteil der rückgestrahlten zur einfallenden Sonnenstrahlung an

Rechnung eingeht. Diese des öfteren ebenfalls veröffentlichten Werte der geometrischen visuellen Albedos der Planeten haben wir als offene Säulen ebenfalls in unserer Abb. 13 dargestellt.

Der so definierte Begriff der geometrischen Albedo kann dazu dienen, sich wenigstens der Größenordnung nach eine Vorstellung über die Durchmesser der schwächeren Asteroiden zu machen. Man geht dabei von der recht wahrscheinlichen Voraussetzung aus, daß diese kleinsten Körper die gleiche Albedo haben werden wie die 4 hellsten Asteroiden, deren Albedo und deren Durchmesser man kennt.

Das Reflexionsvermögen der Körper des Planetensystems kann natürlich auch selektiv sein, d. h. etwa von der Oberflächenfärbung abhängen. Das Studium der Reflexionsfähigkeit der Planeten und ihrer Monde in verschiedenen Farbbereichen vertieft unsere Kenntnisse über das Material der rückstrahlenden Oberflächen, denn es ist ja leicht einzusehen, daß etwa ein mit roten Ziegeln gedecktes Dach rötlicher reflektiert als etwa ein Schieferdach. Für einige Planeten liegen vom Ultraviolett- bis Infrarotbereich Bestimmungen der geometrischen Albedos vor, die wir in Abb. 14 dargestellt haben. Uranus und Neptun haben in allen Farbbereichen annähernd die gleiche Albedo, so daß in der Abbildung der Mittelwert beider verzeichnet wurde. Die Punkte auf der visuellen

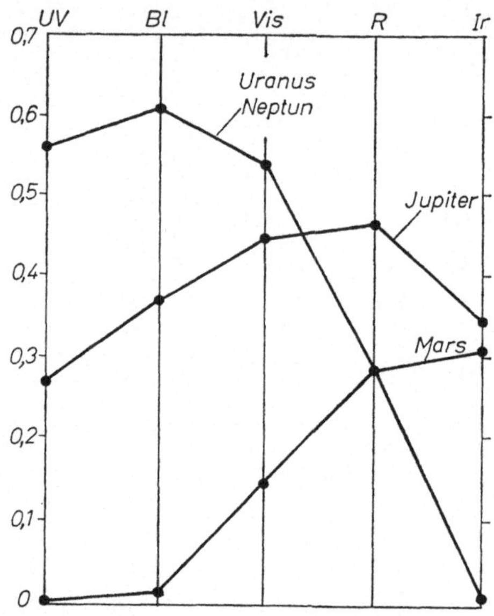

Abb. 14. Die geometrischen Albedos der Planeten in den Farbbereichen Ultraviolett (*UV*) bis Infrarot (*Ir*)

Linie (Vis) entsprechen den geometrischen Albedos, die in Abb. 13 (als offene Säulen) aufgetragen wurden. Während Jupiter durch seinen ganzen Spektralbereich — wenigstens annähernd — gleichförmig strahlt, erscheint er uns weißer als etwa Mars, dessen Rückstrahlung im wesentlichen im Rot liegt. Uranus und Neptun haben ihr Strahlungsmaximum (für das menschliche Auge) im grünen Spektralbereich. Die Bondsche Albedo ermöglicht es dem Astronomen, die Oberflächentemperaturen der Planeten zu berechnen. Ganz allgemein betrachtet kommt also diesem Zweig der Planetenphotometrie, der sich mit der Durchführung der Reflexionsmessung beschäftigt, recht große Bedeutung zu.

Die Entstehung des Sonnensystems. Der Grundgedanke der Kant-Laplaceschen Hypothese über die Entstehung des Sonnensystems aus einem Urnebel wird auch heute — allerdings in modifizierter Form — von den meisten Forschern angenommen. Daneben wurde auch die Ansicht vertreten, daß durch Einwirken fremder Kräfte (Zusammenstoß zweier Sonnen — Explosion eines mit der Sonne ein Doppelsternpaar bildenden Sternes — Durchgang der Sonne durch eine interstellare Wolke) die Geburt des Planetensystems eingeleitet wurde. Wir wollen im folgenden einen kurzen Überblick über die heute oft vertretene Vorstellung von der Entstehung der Planeten geben:

Ursprünglich dehnte sich ein scheibenförmiger Gasnebel bis zu Weiten aus, die den heutigen Raum des Planetensystems um das ~ 1500fache übertraf. Er war mit einer Temperatur von ~ —220° C kalt und seine Masse betrug ~ 1,2 Sonnenmassen. Durch Gravitation kam es zum Verfall der Materie, zur Kondensation und damit zu Wärmeentwicklung, die dann Zerfall (Dissoziation) und Spaltung der Moleküle und Atome (Ionisation) bewirkte. Der Zustand dauerte nur einige Millionen Jahre lang an, bis dann später in dem nur noch ~ 110 Milliarden großen „Sonnennebel" magnetische Kräfte wirksam wurden. Dadurch kam auch die radiale Bewegung des ionisierten Materials zum Stillstand und durch weiteren Zerfall der „Protosonne" ließ diese große Nebelwirbel mit Durchmessern von 10—100 AE hinter sich, die sich durch Strahlung rasch in einigen Millionen Jahren abkühlten. (1 AE = 1 astronomische Einheit = ~ 150 Millionen Kilometer.) Aus diesen Riesennebeln bildeten sich durch Verdichtung die großen Planeten um Grundkerne. Diese Kerne bestanden — roh unterschieden — entweder aus Grundstoffen der Erdplaneten (Silicium, Eisen, Magnesium und ihren Oxydationen) oder aus denen der Jupiterplaneten (Kohlenstoff, Stickstoff, Sauerstoff und ihren Verbindungen mit Wasserstoff). Bei den in den äußersten Bereichen liegenden Nebeln (Protouranus und Neptun) verhinderten die magnetischen Kraftlinien eine stärkere Anhäufung von Gasmaterial. Dies gibt eine Erklärung für den Aufbau dieser Planeten, der sich zu ~ 75 % aus „Jupiterstoff-Material", zu ~ 15 % aus „Erdstoff-Material" zusammensetzt und einen gasförmigen Anteil von nur ~ 10 % hat. Dagegen haben die sonnennäher liegenden Planeten (Saturn, Jupiter) den größten Anteil (~ 80%) ihres gasförmigen Materials behalten und der Rest besteht im wesentlichen aus „Jupiterstoff-Material". Die Erdplaneten bildeten sich nach weiterer Kontraktion der Protosonne aus Nebelscheiben, die zunächst in zahlreiche kleine feste Körper = „Planetesimals" zerfielen und dann miteinander kollidierten. Diese Zusammenstöße führten zu keiner Zersplitterung, sondern zu einem allmählichen Aufbau von immer massereicherem Material. Die zu größeren Massen anwachsenden Körper stießen die sie noch umgebenden Nebelreste ab, und aus ihnen bildeten sich dann die heutigen Planeten.

Dieses hier kurz geschilderte Model, das keineswegs in allen Zügen richtig zu sein braucht, muß man als eine moderne Arbeitshypothese bezeichnen, in der allerdings noch Lücken auszufüllen sind. Die Hypothese berücksichtigt den Unterschied zwischen den Erd- und Jupiterplaneten und erklärt die Tatsache, daß sich die großen Planeten in Ebenen bewegen, die gegeneinander weniger als 1^0 abweichen, während bei den Erdplaneten stärkere Streuung besteht. Die Nichtbildung eines Planeten im heutigen Asteroidengürtel kann durch den Einfluß Jupiters gedeutet werden, der die Planetesimals in diesen Zonen auseinanderriß und so ihr Anwachsen zu größeren Körpern verhinderte. Damit wird auch die hervortretende Abweichung der Bahnneigungen der kleinen Planeten verständlich, die als Überreste eines zerstreuten Systems aufgefaßt werden können. (s. a. S. 105.)

III. Merkur

Immer wieder wird die allerdings wenig glaubhafte Geschichte erzählt, daß Nikolaus Kopernikus sterbend es bedauert habe, nie Merkur gesehen zu haben. Wir wiederholen diese Erzählung nur deswegen, um aufzuzeigen, daß in der Tat Merkur, der es immerhin an Glanz mit den hellsten Fixsternen aufnehmen kann, besonders in unseren Breiten ein schwieriges Beobachtungsobjekt ist. Seine Sichtmöglichkeiten sind allerdings etwa im Mittelmeergebiet oder in äquatornahen Zonen, in denen die frühen Völker den Lauf des Planeten verfolgten, günstiger. Merkur gehört mit der Venus zu den inneren Planeten, womit zum Ausdruck gebracht wird, daß diese, von der Erde aus gesehen, innerhalb der Erde ihre Kreise ziehen.

Wie sich Merkur dem Erdbeobachter zeigt. Die geozentrischen Erscheinungen, die Merkur einnehmen kann, sollen durch unsere Abb. 15 erläutert werden. Was uns beim Anblick dieser

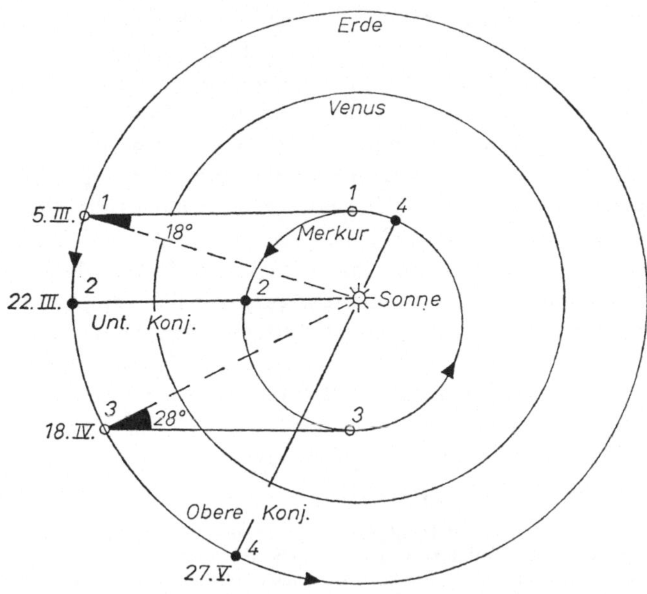

Abb. 15. Lauf des Planeten Merkur, wie ihn der Erdbeobachter sieht. (Geozentrische Erscheinungen im Frühjahr 1966)

Darstellung der Bahnen von Merkur, Venus und Erde um die Sonne sogleich auffällt, ist die stark exzentrische Bahnform Merkurs. Während Venus und Erde mit ihren geringen Exzentrizitäten von 0,007 bzw. 0,017 sich nahezu kreisförmig um die Sonne bewegen, hat Merkur die weit größere Exzentrizität von 0,206. Unsere Abbildung zeigt, daß am 5. März 1966 die Planeten Merkur und Erde in den Stellungen bei 1 standen. Zu dieser Zeit erreichte Merkur seinen größten östlichen Abstand von der Sonne. Für den Erdbeobachter erschien der Planet dann als Abendstern 18° von der Sonne entfernt. Danach nahm die Sichtmöglichkeit rasch ab, denn nur 17 Tage später standen die beiden Planeten bereits beim Punkt 2, und zwar in einer geraden Verbindungslinie zur Sonne. Merkur kehrte uns dabei seine dunkle Seite zu, so daß er unsichtbar war. Bei den inneren Planeten nennt man diese Stellung oder Erscheinung die untere Konjunktion. Fast einen Monat später (18. April) finden wir Erde und Merkur in der Stellung 3, der Planet erreichte hier einen größten westlichen Abstand von der Sonne, der in dieser Erscheinung 28° betrug. Schließlich steht in der Stellung beim Punkt 4 Erde—Sonne—Merkur wieder in einer geraden Verbindungslinie, die man die obere Konjunktion zur Sonne nennt. Das Bewegungsspiel geht weiter, wobei je nach Lage von Perihel und Aphel die größten östlichen und westlichen Abstände (Elongationen) des Planeten von der Sonne zwischen 18° bis 28° schwanken können. Die Spielregel lautet so: Merkur kann mindestens jährlich 3mal als Morgenstern und zugleich auch mindestens 3mal jährlich als Abendstern in seinen größten Elongationen sichtbar werden. Steht aber Merkur in unseren Breiten sehr südlich, so wird man ihn schwer mit bloßem Auge finden können. Die Elongationen wiederholen sich in Zeitfolgen, die zwischen 111—121 Tage betragen, im Mittel alle 115,9 Tage. Damit sind wir auf die sogenannte synodische Umlaufszeit des Planeten gestoßen.

Synodische Umlaufszeit heißt der Zeitraum, der verstreicht, bis für einen Erdbeobachter ein Planet wieder die gleiche Stellung zur Erde hat wie zu Anfang dieses Zeitraumes. Sie entspricht also bei den inneren Planeten dem Zeitintervall zwischen zwei aufeinanderfolgenden unteren oder oberen Konjunktionen. Bei den oberen Planeten ist die synodische Umlaufszeit das Zeitintervall zwischen zwei aufeinanderfolgenden Oppositionen. Im Gegensatz zur synodischen Umlaufszeit nennt man die Umlaufszeit (Revolution) eines Planeten in seiner Bahn um die Sonne seine siderische Umlaufszeit.

In den Konjunktionen ist Merkur unsichtbar; wer aber etwa nur ein Jahr lang in einem günstigen Klima die Zeiten der größten Sonnenabstände verfolgt, findet schon bald einen guten Näherungswert für den synodischen Umlauf des Planeten. Wir erwähnen dies, weil manche Archäologen oder Ethnologen oft nicht geneigt sind, den alten Völkern diese in Wirklichkeit einfachen Beobachtungen zuzutrauen.

Wenn wir nochmals einen Blick auf unsere Abb. 15 werfen, so ist leicht zu erkennen, daß der Planet von uns aus gesehen Lichtgestalten aufweisen muß. Wir können ihn aber nie als Neu- oder Vollmerkur sehen. In unterer Konjunktion steht er der Erde am nächsten und zeigt uns seine dunkle Seite. Zwischen dieser Stellung und seinen größten Elongationen zeigt er uns dann wachsende Phasen und kann bei großem Winkelabstand von der Sonne praktisch wie der Halbmond aussehen. In ähnlicher Weise zeigt natürlich auch die Venus Phasen, und wir werden bei der Beschreibung dieses Planeten noch näher auf die Lichtgestalten zu sprechen kommen.

Größe, Masse und Dichte. Merkur ist der Zwerg unter den Planeten. Sein Durchmesser, der beim Merkurdurchgang 1960 auf etwa 1 % genau zu 4750 Kilometer bestimmt wurde, beträgt weniger als $\frac{1}{3}$ des irdischen Äquatordurchmessers. Ja, man darf sagen, daß Merkur nicht viel größer als unser Erdmond ist, wie dies unsere Abb. 16 zeigt.

Die Bestimmung der Masse eines Wandelsternes, der wie Merkur keinen Mond besitzt, stößt auf Schwierigkeiten und ist nur auf Umwegen möglich. Die Bestimmung beruht auf der Ermittlung der Größe der Störungen durch einen Nachbarplaneten. Seit 1895 (Newcomb) hat man aus periodischer Einwirkung Merkurs auf die Bahn der Venus, aus säkularen Störungen von Merkur und Erde und schließlich 1950 (Rabe) aus Störungen des Planetoiden Eros durch Merkur die Masse des Planeten berechnet. Aus 5 Bestimmungen ergibt sich der zur Zeit angenommene Wert von 0,053. (In Einheiten der Erdmasse.) Aus Masse und Volumen erhält man dann seine Dichte, sie ergibt sich zu 0,966 der Erddichte = 5,33 g/cm³.

Die Masse Merkurs ist ebenso wie die der mondlosen Venus nicht so gut bekannt wie die der meisten anderen Planeten. Eine Merkursonde würde uns einen zuverlässigeren Wert seiner Masse liefern können. Die Aufgabe ist weitgehend durchdacht und liefe darauf hinaus, durch Vergleich der von der Raumsonde gemeldeten Positionen vor und nach der nächsten Annäherung an den Planetenkörper ihre Bahn zu bestimmen. Ihre durch die Einwirkung des Planeten sich ergebenden Veränderungen liefern dann den Schlüssel zur genauen Massebestimmung. Auch die Vermessung eines genaueren Merkurdurchmessers bleibt noch der interplanetarischen Raumforschung vorbehalten. Einer Raumsonde, die sich dem Planeten bis auf etwa 50000 km nähert, würde Merkur 5 ½° groß erscheinen. Die von einer solchen Merkursonde zur Erde gefunkten Bilder, wie man sie bereits vom Mond und in erster Auswahl auch vom Mars erhielt, würden genügen, den Durchmesser der scharf begrenzten Merkurscheibe zu bestimmen.

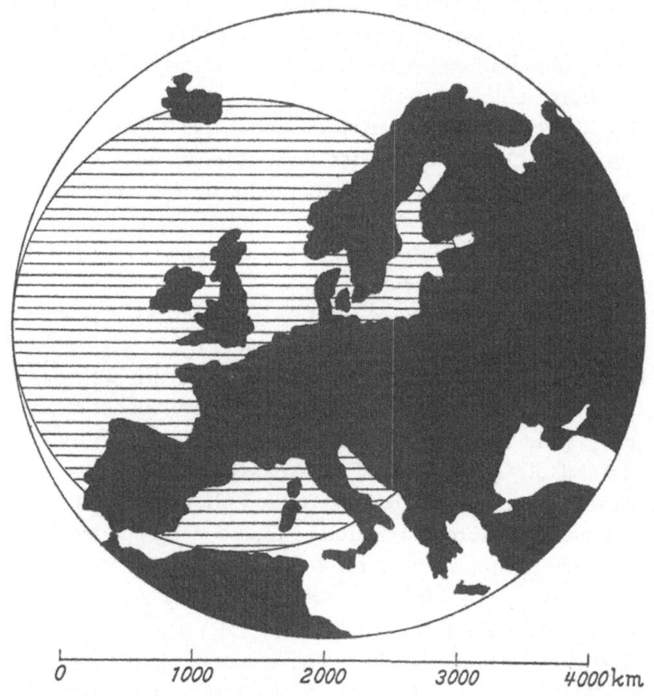

Abb. 16. Die Größenverhältnisse von Merkur und Mond. Der große Kreis entspricht dem Durchmesser des Planeten, zum Vergleich zeigt der schraffierte Kreis die Mondgröße auf

Oberfläche. Die Oberfläche gleicht in vieler Beziehung der des Mondes, wofür photometrische Messungen sprechen, nach denen die Abhängigkeit der Helligkeit von der Phase bei Merkur und Mond die gleiche ist. Merkur hat auch ein ähnliches Rückstrahlungsvermögen wie der Mond, denn seine Albedo beträgt 0,06 (Mond 0,12), was darauf schließen läßt, daß der Planet eine recht dunkle Oberfläche besitzt. Eine weitere Ähnlichkeit zwischen

Merkur und Mond zeigt sich darin, daß die Polarisation des Lichtes genau mit der des Mondes übereinstimmt.

Man darf sicher annehmen, daß die Oberfläche Merkurs durch den Einfall von Meteoriten kraterartig durchfurcht ist. Feiner Meteorstaub und die von einstürzenden Meteoren herrührenden Trümmer werden den Boden mit einer wenige Zentimeter dicken Staubschicht bedeckt haben. Das hier geschilderte trostlose Bild von der Merkuroberfläche geht auf Vermutungen zurück, erst Nahaufnahmen von Raumsonden oder eine weiche Landung auf dem Planeten kann uns mehr Gewißheit verschaffen. Wenn man ein solches Projekt ins Auge faßt, ist es allerdings fraglich, ob bei einer Landung die elektrische Ausrüstung der Instrumente, die die nötigen Informationen zur Erde zurückmelden müssen, bei Temperaturen bis etwa + 350° C (Tagseite) oder solche von rund — 260° C (Nachtseite) funktionsfähig bleiben. Gelingt es aber, diese technischen Schwierigkeiten zu meistern, könnte uns das Absetzen von Apparaten zur chemischen Analyse oder gar die seismischer Instrumente Kenntnis über die Struktur und den inneren Aufbau unseres Nachbarn bringen. Aus der mittleren Dichte Merkurs, die fast der der Erde gleicht, darf man folgern, daß das Kerninnere aus schweren festen Stoffen bestehen wird.

Fernrohrbeobachtungen der Planetenoberfläche zeigen, daß sie von einigen diffusen Dunkelbändern durchzogen ist. Ob bei dieser Dunkeltönung die erwähnte, sicherlich unterschiedlich verteilte Staubschicht eine Rolle spielt, ist fraglich. Bei guter Sicht gleicht bei der Fernrohrbeobachtung das mit Dunkelflächen durchsetzte Bild Merkurs etwa dem Anblick, den uns der Mond mit bloßem Auge bietet. Die Dunkelbänder wurden bereits 1785 von J. Schröter entdeckt. Schröter, ein bestimmt tüchtiger aber auch phantasiebegabter Beobachter, glaubte auf der Planetenoberfläche Berge zu sehen, deren einen er 20 Meter (!) hoch schätzte. Aus seinen zweifelhaften Wahrnehmungen leitete er für Merkur eine Rotationsperiode von 24 Std. und 5 Min. ab. Seine Arbeit stieß bei seinen Zeitgenossen auf heftige Kritik, die in der bösartigen Aussage gipfelte, „daß nur sehr wenig von dem, was er (Schröter) uns gegeben hat, die späteren Proben bestanden hat... Die meisten seiner Schriften führen den Titel Fragmente, und in der Tat sind sie höchst fragmentarisch“.

Die erste nützliche und brauchbare Karte der Merkuroberfläche verdanken wir Schiaparelli; sie entstand in den Jahren 1801—1809. Es kommt ihr insofern Bedeutung zu, weil Oberflächenstrukturen, die Schiaparelli zeichnete, in rohen Zügen mit späteren und neu-

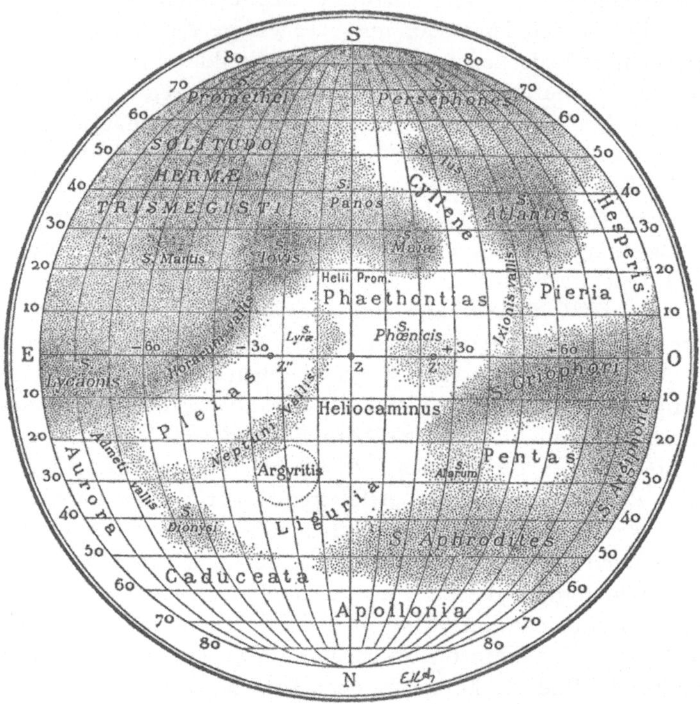

Abb. 17. Die nach Antoniadis Zeichnungen wiedergegebene Karte Merkurs zeigt alle von diesem Beobachter bemerkten Oberflächendetails. Antoniadi gab den Gebilden im Anschluß an die griechisch-ägyptische Mythologie des Gottes Merkur die verzeichneten Namen. (Aus E. M. Antoniadi „La Planète", Mercure", Gauthier-Villars, Paris 1934)

esten Karten übereinstimmen. Berühmt ist die von E. M. Antoniadi aus Beobachtungen mit dem großen Refraktor des Observatoriums Meudon entstandene Merkurkarte, die wir mit der Abb. 17 wiedergeben. Die von Antoniadi eingeführte Namensgebung der Oberflächengebiete ist auch heute noch in Gebrauch. Ein großes Beobachtungsprogramm zur Erforschung der Planetenoberfläche wurde seit dem Jahre 1941 auf dem Observatorium Pic du Midi in Gang gebracht. Die dort nach photographischen und visuellen Beobachtungen entworfenen Bilder der Merkuroberfläche stellen die besten Merkurkarten dar. Mit dem 60-cm-Refraktor des Observatoriums konnten bei 750—900facher Vergrößerung kontrastreiche „Flecken" gut getrennt werden, wenn sie nur etwa 300 Kilometer voneinander entfernt lagen. Schattenwurf konnte nie festgestellt werden, woraus man folgern darf, daß das Relief der Oberfläche keinesfalls höher als das des Mondes sein kann. Das heißt, Berge oder Hochflächen können sich wohl höchstens 10—11 km über Normalnull einer allerdings durchaus hypothetischen Oberfläche erheben. Morgenbeobachtungen bei Sonnenferne des Planeten und Abendbeobachtungen in Perihelstellung lassen sich in Übereinstimmung bringen, wenn man annimmt, daß die Neigung der Rotationsachse 7° beträgt.

Temperatur der Oberfläche. Man muß sich Merkur — wir sagten es schon — als eine der trostlosesten Welten vorstellen. Erbarmungslos strahlt die Sonne auf seine Oberfläche, die nur dünnste Spuren von Atmosphäre aufweisen kann. Die Temperatur in der Mitte der sonnenbestrahlten Scheibe beträgt um + 350° C, liegt also über dem Schmelzpunkt von Blei. Auf der unbeleuchteten Rückseite aber herrscht grimmige Kälte mit einer Temperatur von etwa — 260° C, die der Temperatur des absoluten Nullpunkts (— 273° C) nahe kommt. Merkur ist also der kälteste und zugleich heißeste Körper unseres Planetensystems. Dieser Feststellung widersprechen von E. Epstein im Oktober 1965 erhaltene Strahlungsmessungen bei 3,4 mm Wellenlänge. Diese zeigten keinen nennenswerten Unterschied zwischen den Temperaturen von Tag- und Nachtseite, die übrigens abweichend von bisherigen Bestimmungen in diesem Wellenlängenbereich mit — 73° C angegeben wird. Physikalisch erscheint der Befund unerklärlich, so daß er noch der Bestätigung bedarf. Mit einem 26-m-Radioteleskop gelang es kürzlich, Strahlung im Bereich der cm-Wellen auf Merkur zu entdecken. Durch Anschluß an Temperaturbestimmungen Jupiters berechnete man aus dieser Mikrowellenstrahlung eine Temperatur von „nur" — 180° C. Sie ist also beträchtlich höher als die oben angegebene Temperatur, die man aus Messungen mit Thermoelementen erhielt. Dieser Unterschied wird vielleicht verständlich, wenn man annimmt, daß die Oberfläche des Planeten porös ist und die Radiostrahlung aus einer knapp unterhalb der Oberfläche liegenden Quelle stammt. (Auf die Temperaturbestimmung mit Thermoelementen kommen wir beim Planeten Venus zu sprechen.)

Die Rotation des Merkurs. Aus Vergleich der seit 160 Jahren vorliegenden Zeichnungen der Oberflächenstruktur glaubte man erkennen zu können, daß sie in groben Zügen stets den gleichen Anblick bietet. Hierauf baut sich die schon von Schiaparelli vermutete und heute in jedem Lehrbuch zu findende Anschauung auf, daß der Planet der Sonne stets die gleiche Seite zukehrt, daß also die Umdrehung des Planeten um seine Achse gleich seinem 88tägigen Umlauf um die Sonne ist. Und doch müssen wir diese allgemein als gültig angesehene Anschauung von der Gleichheit von Rotation und Revolution Merkurs revidieren. Recht überraschend haben nämlich 1965 Radioastronomen gefunden, daß die Rotation des Planeten 59 ± 5 Tage beträgt. Da die Lage der Rotationsachse und auch die Richtung der Rotation unbekannt sind, könnte der Wert auch 46 Tage betragen. Die Radarmessungen wurden mit dem 1963 vollendeten größten Radar-Radioteleskop in Arecibo auf Puerto Rico gemacht, das querdurch eine reflektierende Oberfläche von 300 m hat. Radioimpulse, die vom Scheitelpunkt der uns zugekehrten Halbkugel des Planeten zurückkommen, haben eine um etwa $1/62^s$ kürzere Laufzeit als die von den Rändern der Planetenkugel stammenden Echos. Durch geschickte Auswahl der zeitlichen Signalfolge (kurze, gehackt ausgesandte Impulse) gelang es, Echos, die von bestimmten Ringzonen auf der Merkurkugel zurückkommen, zu trennen. Ein kompliziertes Rechenverfahren, das sich auf eine längere Serie von Beobachtungsdaten stützen mußte, lieferte dann für die Rotationszeit Merkurs den (vorläufigen) Wert von 59 Tagen.

Wenn sich dieser Aufsehen erregende Befund bestätigt, verliert die uns vertraute Vorstellung von der Tages — und ewigen Nachtseite ihre Gültigkeit, denn wenn sich der Planet in 59 Tagen um seine Achse dreht, erhält jeder Punkt der Planetenkugel Tages- und Nachtzeiten. Damit wird nicht nur eine gründliche Überprüfung der bisherigen Anschauungen über die physikalische Natur des Planeten erforderlich, sondern auch neue Bemühungen mit dem Einsatz aller uns heute zur Verfügung stehenden Forschungsmittel.

Die Atmosphäre. Es galt lange Zeit als umstritten, ob Merkur eine Atmosphäre besitzt, doch hat man in letzter Zeit Spuren einer solchen nachweisen können. Wir sprachen ja schon davon, wie schwierig es um die Beobachtungsmöglichkeiten des Merkurs steht, der der Sonne als Abend- oder Morgenstern immer so nahe steht. Auf der astronomischen Hochstation des Pic du Midi (2885 m) gelang es, bei den dort herrschenden ausgezeichneten Sichtbedingungen mit Hilfe eines Spezialpolarimeters — es war zum Schutz gegen den Einfall von Sonnenstrahlen mit einem „Parasoleil" versehen — bei Tageslicht die Polarisationsverteilung an verschiedenen Stellen der Planetenscheibe zu studieren. Die Analyse dieser schwierigen Messungen zeigt, daß bei großen Phasenwinkeln die Polarisation der Sichelspitzen größer war als in den Mittelgebieten der Merkurscheibe. Dieser Beobachtungsbefund kann nur so gedeutet werden, daß der Planet eine, wenn auch äußerst dünne, Atmosphäre besitzt, die man auf etwa 3 Tausendstel der irdischen Lufthülle schätzte. Wenn gelegentlich beobachtete Schwankungen der Polarisation reell sind, darf man sie vielleicht mit dem Auftreten von zeitweiligen Dunstschleiern erklären. Dennoch spricht auch manches dagegen, daß dieser den brennend heißen Sonnenstrahlen ausgesetzte kleine Körper, dessen sogenannte Entweichungsgeschwindigkeit überdies gering ist, überhaupt eine Atmosphäre halten kann. Ferner zeigt sich Merkur, wenn er von Zeit zu Zeit über die Sonnenscheibe zieht, als scharf begrenzte Scheibe, was ja auch dafür spricht, daß er jedenfalls keine nennenswerte Atmosphäre haben kann.

Denkbar ist es aber, daß ähnlich wie bei der beobachteten Gasentwicklung im Kern der Kometen auch auf Merkur eine Atmosphärenbildung zeitweilig durch die oft spontan auflebende Sonnenaktivität zustande kommt. Diese Ansicht vertritt der russische Astronom N. A. Kozyrev, der zu diesem Zwecke im April/Mai und Oktober 1963 mit dem 127-cm-Zeißspiegel des Krim Observatoriums das Spektrum Merkurs studierte. Bei diesen spektroskopischen Untersuchungen fand der Forscher beim Vergleich der Spektren Merkurs mit dem Linienspektrum der Sonne, daß es im Bereich einiger Wasserstofflinien zwischen beiden

Spektren zuweilen Unterschiede gab. Dies ist in der Tat überraschend, weil man ja erwarten sollte, daß das von Merkur reflektierte Sonnenlicht ein reines Sonnenspektrum liefert. Kozyrev meint, daß die beobachteten Abweichungen in den Konturen der Wasserstofflinien durch zeitweilige Emissionsstrahlung in der Merkuratmosphäre, die durch solare Aktivität ausgelöst werden, erklärt werden können. Demgegenüber zeigt die Auswertung eines kürzlich mit hoher Dispersion erhaltenen Spektrogramms Merkurs, daß der von Kozyrev gefundene Effekt als Blendwirkung zwischen dem Reflexionsspektrum Merkurs und dem Streuspektrum des Himmelslichtes erklärt werden kann. Wir müssen daher bekennen, daß das Ergebnis nicht vollauf befriedigt. Die überaus diffizilen Untersuchungen, die hier dem kleinsten und überdies so schwer zu beobachtenden Planeten galten, sind aber bestimmt beachtenswert und dürfen vielleicht treffend als richtunggebender Vorstoß in Neuland bezeichnet werden.

Merkurvorübergänge. Wenn ein Planet als schwarze Scheibe über die Sonnenoberfläche zieht, spricht man von seinem Vorüber- oder Durchgang. Es ist leicht einzusehen, daß man diese seltenen Erscheinungen nur bei Himmelskörpern beobachten kann, die innerhalb der Erdbahn kreisen. Die Bahnverhältnisse von Erde und Merkur bringen es mit sich, daß Merkurdurchgänge mit Zwischenräumen von 3½, 7, 9½ und 13 Jahren und zwar meist im November und seltener im Mai stattfinden können. Der erste von Kepler vorhergesagte Merkurvorübergang wurde am 7. November 1631 von Gassendi beobachtet. Merkurdurchgänge, die noch in unserem Jahrhundert stattfinden:

9. Mai 1970
10. November 1973
13. November 1986
6. November 1993
15. November 1999

Intramerkurielle Planeten? Im Jahre 1859 gab es eine große Überraschung, als ein französischer Amateur, Dr. Lescarbault, der Pariser Akademie mitteilte, er habe einen schwarzen Körper über die Sonnenscheibe laufen sehen, der für seinen Vorübergang etwa 1¼ Stunde benötigte. Zu dieser Zeit war der geniale Leverrier, der die Existenz des Planeten Neptun durch die Anziehung, die er auf Uranus ausübt, vorausberechnet hatte, mit einer vollständigen Überprüfung der Theorie der Planetenbewegungen beschäftigt. Leverrier fand dabei, daß die große Achse der Merkurbahn eine etwas größere Bewegung aufwies, als es die Theorie forderte. Er hielt es für möglich, daß diese Unstimmigkeit durch einen Schwarm noch unbekannter Körper, die sich vielleicht in der Nähe der Merkurbahn bewegen, hervorgerufen werden könne. Es ist daher verständlich, daß er sogleich nach der Bekanntgabe der Aufsehen erregenden Entdeckung höchst persönlich Dr. Lescarbault aufsuchte, um Näheres zu erfahren. Die Auskünfte waren eigentlich recht dürftig (der Landarzt Lescarbault besaß nur eine alte Uhr, schrieb seine Beobachtungen mit Kreide auf eine Holztafel, wo sie bald wieder gelöscht wurden, und überdies waren 9 Monate vergangen, ehe er seine Entdeckung bekanntgab), dennoch scheint Leverrier nicht an der Glaubwürdigkeit der Beobachtung gezweifelt zu haben. Er berechnete eine Bahn des Körpers, wonach dieser mit einer Umlaufzeit von nur rund 20 Tagen 21 Millionen Kilometer von der Sonne entfernt kreisen sollte. Leverrier gab dem neuen Himmelskörper den Namen Vulkan und sagte künftige Durchgänge vor der Sonnenscheibe voraus. Aber Vulkan ward nie mehr gesehen, und das Ende der Geschichte erzählt R. Wolf mit den hämischen Worten: „... und als bei der totalen Finsternis von 1860 (18. Juli) der ganze Generalstab Leverrier's vergeblich nach dem Lieblinge seines Herrn und Meisters gesucht hatte, war Vulkan wieder total verschollen..." Wir wissen nicht, was Lescarbault gesehen hat, sicherlich war es eine Sinnestäuschung, denn genau um die fragliche Zeit hatte Liaris, Direktor der Sternwarte in Rio de Janeiro, die Sonnenscheibe beobachtet und nichts wahrgenommen. Auch später tauchten immer wieder zahlreiche Berichte auf, daß man Durchgänge von Körpern vor der Sonnenscheibe beobachtet habe, doch erwiesen sich all diese Mitteilungen als unhaltbar. Erwähnt sei in diesem Zusammenhang eine nicht zu deutende Beobachtung von H. Künzel (Astrophys. Obs. Potsdam). Danach zog am 1. Februar 1962 ein einem kleineren Sonnenfleck ähnliches kreisförmiges Objekt langsam über die Sonnenscheibe. Es konnte dann noch mit dem Koronographen, einem Instrument, bei dem die Sonnenscheibe künstlich verfinstert werden kann, nach dem Scheibendurchgang bis zu einem Abstand von 8′ (= 1/4 Sonnendurchmesser) verfolgt werden. Es ist jedoch nicht auszuschließen, daß es sich hier um einen irdischen Flugkörper handelte. Systematische Suche nach intramerkuriellen Planeten auf früheren Finsternisplatten verliefen ebenso wie Dämmerungsaufnahmen an bestimmten Punkten der Merkurbahn bisher negativ. Doch sind wohl noch nicht alle Möglichkeiten, die natürlich von Größe und Helligkeit solcher hypothetischen Himmelskörper abhängen, bis heute ausgeschöpft.

Die Bewegung des Merkurperihels. Leverriers begeisterte und positive Einstellung zur Entdeckung Lescarbaults war getragen von der Vermutung, hier eine Deutung für die unerklärliche Bewegung des Merkurperihels gefunden zu haben. Wir wollen in diesem Zusammenhang noch kurz auf dieses Problem eingehen. Die große Achse der Bahnellipse Merkurs (und damit auch der Perihelpunkt seiner Bahn) führt eine Bewegung aus, die in 100 Jahren einer Verschiebung von $0{,}1595°$ entspricht. Die Theorie verlangt dagegen unter Berücksichtigung der Störungseinflüsse durch andere Planeten nur eine Perihelbewegung von $0{,}1478°$, das sind also $0{,}0117° = 42''$ weniger. Um die Deutung dieser restlichen 42 Bogensekunden haben sich viele Astronomen bemüht und verschiedene Hypothesen angeboten, wobei, wie erwähnt, Leverrier z. B. an einen Schwarm kleiner intramerkurieller Planetoiden dachte. Aber keine der verschiedenen Vermutungen gab eine allgemein anerkannte befriedigende Lösung. Erst Albert Einstein löste in seiner allgemeinen Relativitätstheorie, die, verglichen mit der klassischen Newtonschen Theorie, rechnerisch den Betrag von $43''$ forderte, das Rätsel der Bewegung des Merkurperihels. Die nahezu völlige Übereinstimmung zwischen Einsteins Theorie und der Beobachtung ist eines der überzeugendsten von ihm angebotenen astronomischen Beweisstücke der Relativitätstheorie.

Neben der Bewegung des Merkurperihels bilden die Rotverschiebung der Spektrallinien (beim Sirius erkannt) und die Ablenkung des Sternenlichtes im Schwerefeld der Sonne (bei Sonnenfinsternissen festgestellt) weitere Beweisstücke der Relativitätstheorie. Nun haben Radioastronomen einen vierten Test vorgeschlagen, bei dem Merkur oder Venus herhalten sollen. Unmittelbar vor Eintritt oder nach Ende der unteren Konjunktion geht ja die Verbindungslinie vom Erdbeobachter zu den Planeten streifend am Sonnenrand vorbei, also durch das nahe Schwerefeld der Sonne. Da Radiowellen ebenso wie das Licht nach Einsteins Theorie eine Ablenkung im Schwerefeld der Sonne erleiden, müßten Radioimpulse, die man um die Zeit der unteren Konjunktionen ausstrahlt, dies durch eine Verzögerung der Echos zu erkennen geben. Allerdings beträgt beim Zeitunterschied hin und zurück der Effekt nur 0,0002 Sekunden. Wenn es, wie man hofft, der Radartechnik gelingt, derartig kleine Zeitunterschiede meßbar zu erfassen, könnte die Methode genauere Werte als die der Ablenkung des Sternenlichtes ergeben.

Radarkontakt. Der erste Radarkontakt mit Merkur gelang den Radioastronomen einige Tage nach seiner unteren Konjunktion im Juni 1952. Die Echos verraten uns, daß sie von einem Körper reflektiert werden, der dem Mond gleicht. Sie stammen von einem Gebiet, das gut die Größe Frankreichs hat. Aus der Laufzeit der Echos, die im 5 Tage umfassenden Beobachtungszeitraum je nach der Entfernung Merkurs zwischen 280—295 Sekunden betrugen, ließ sich mit Hilfe der bekannten Lichtgeschwindigkeit (neuester Wert = 299792,5 ± 0,3 km/sec) die astronomische Einheitsentfernung bestimmen. Man hat eine solche Methode zur Ermittlung dieser fundamentalen Einheitsentfernung = mittlere Entfernung Erde — Sonne beim Planeten Venus mit weit größerer Genauigkeit durchgeführt. Die noch etwas ungenauen Merkurechos bestätigen der Größenordnung nach die bei Venus erhaltenen Werte. Vielleicht kommt ihnen bei weiterer Entwicklung der Radartechnik später wieder Bedeutung zu, weil man wegen der dichten Atmosphäre, die den Planeten Venus umgibt, keine sicheren Kenntnisse über die Eindringtiefe der ausgesandten Signale hat.

IV. Venus

Venus ist die größte Leuchte am Himmel. Ihr heller Glanz überrascht nicht nur immer wieder den mit dem Himmel weniger vertrauten Beobachter, sondern hat zuweilen, wenn Venus am hellen, lichten Tage sichtbar war, die Menschen geradezu erschreckt. Nach Einbruch der Nacht wirft der Planet unter günstigen Sichtverhältnissen sogar Schatten. Bereits Plinius spricht von dem Schattenwurf der Venus, und auch die Astronomen Sir John Herschel und E. M. Antoniadi beobachteten diese Erscheinung. Auf dem hoch gelegenen Sonnenobservatorium Wendelstein (1840 m) haben wir in den dort besonders klaren Herbsttagen Venus auf „Anhieb" um die Mittagszeit gefunden, wenn man sich nur die Sonne mit der Hand abschirmte.

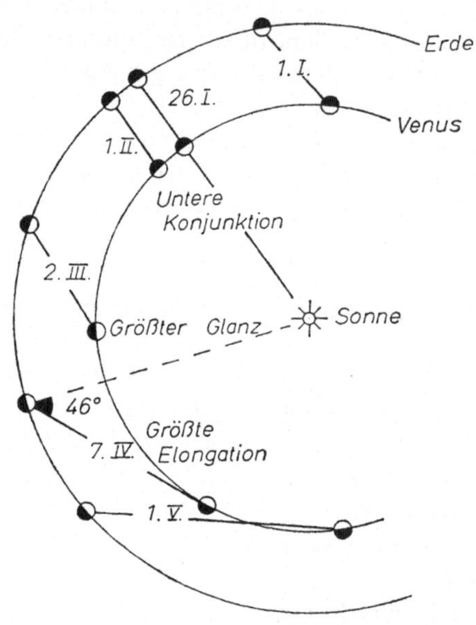

Abb. 18. Bahnen der Venus und der Erde vom 1. Januar bis 1. Mai 1966
Die Entfernungen zwischen Erde und Venus betrugen (Millionen Kilometer): 26. Jan. = 40 (Unt. Konj.); 2. März = 62 (größter Glanz); 7. Apr. (gr. westl. Elongation) = 103; 1. Mai = 131.

Bewegung, Helligkeitsverlauf und Dimensionen. Venus ist, wie wir sehen werden, sozusagen in körperlicher Hinsicht ein Zwilling der Erde, doch unterscheiden sich die Zwillinge physikalisch gewaltig. Mit Merkur gehört Venus zu den inneren Planeten, so daß ihre Erscheinungen, wie wir sie von der Erde aus beobachten, denen des Merkurs ähneln, allerdings kann sich Venus (scheinbar) viel weiter von der Sonne entfernen. Ein Bewegungsbild der Planeten Venus und Erde (Abb. 18), in dem als Beispiel für die ersten Monate des Jahres 1966 der Lauf der beiden Wandelsterne gezeichnet wurde, erläutert uns anschaulich die Bewegungsverhältnisse. Schon Anfang des Jahres überrundete Venus die Erde und stand, wie es das Bild zeigt, am 26. Januar zwischen Erde und Sonne, also in unterer Konjunktion. Am 2. März leuchtete Venus im größten Glanz. Diese Zeiten des größten Glanzes, bei der Venus die Helligkeit —4,4 Gr. erreichen kann, finden immer rund 36 Tage vor bzw. nach der unteren Konjunktion statt. Nach dem größten Glanz erreichte der Planet am 7. April für den

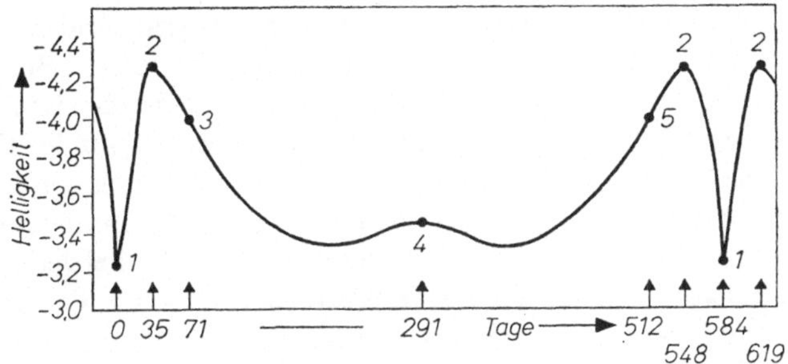

Abb. 19. Geozentrische Erscheinungen und Helligkeitsverlauf der Venus. 1: Untere Konjunktion. 2: Größter Glanz. 3: Größte westl. Elongation. 4: Obere Konjunktion. 5: Größte östl. Elongation. Die Helligkeit hängt teils von der unterschiedlichen Entfernung der Venus von der Erde ab

Erdbeobachter seinen größten westlichen Winkelabstand (Elongation), der zwischen 46°—47° betragen kann. Die weitere Folge der Erscheinungen, die uns Venus bieten kann, haben wir in der Abb. 19 dargestellt, aus ihr ist auch zugleich der Helligkeitsverlauf zu ersehen. In dieser Darstellung beginnt der Ablauf bei 1 mit dem Tage Null in der unteren Konjunktion, die sich nach einem (synodischen) Umlauf von rund 584 Tagen wiederholt. Der unteren Konjunktion folgt bei 2 die Zeit des größten Glanzes und danach bei 3 die größte westliche Elongation. Zur Zeit der danach eintretenden oberen Konjunktion (4), in der der Planet von uns aus gesehen weit entfernt hinter der Sonne steht, beobachtet man einen geringen Helligkeitsanstieg. Nach 512 Tagen steht Venus dann in größter östlicher Elongation (5) und erreicht etwa 35 bis 36 Tage später als Morgenstern wieder seinen größten Glanz. Bei der in Abb. 19 verzeichneten Tagesskala handelt es sich um Rundwerte, die, bedingt durch die nicht völlig kreisförmigen Bahnen von Erde und Venus, um einige Tage schwanken können.

Als Venus 1962 zur Zeit der unteren Konjunktion erdnah stand und sich als schmale Sichel dem Erdbeobachter in stattlicher Größe zeigte, haben amerikanische Astronomen aus 54 vorzüglichen photographischen Rot- und Grünaufnahmen ihren Durchmesser photographisch vermessen. Er beträgt nach diesem aus insgesamt 6000 Aufnahmen ausgewählten Plattenmaterial 12310 km. Aus Sternbedeckungen der Venus fand man einen Äquatordurchmesser von 12280 km. Venus ist von einer weiten, dichten Wolkenhülle umgeben, so daß die hier mitgeteilten unterschiedlichen Bestimmungen sich auf den visuell sichtbaren Durchmesser der wolkenverhangenen Planetenscheibe beziehen, die überdies von der Erde aus betrachtet nur zwischen 11 bis 67 Bogensekunden groß erscheint. Wir müssen daher gestehen, daß unsere Kenntnisse über die wahren Dimensionen des Planeten noch nicht befriedigend genau bekannt sind. Zuverlässige Werte kann uns erst die Raumforschung liefern, denn schon bei Annäherung einer Raumsonde an den Planeten auf 100000 km bietet sich Venus ihrer Kamera als 7° große Scheibe dar. Zur Erde übertragene Funkbilder, aufgenommen in verschiedenen Wellenlängen, würden Ultraviolett- bis Infrarotbilder liefern, die uns wertvollen Aufschluß über die Höhenschichtung der Venusatmosphäre geben können.

Die Venussonde Mariner 2 kam im Dezember 1962 dem Planeten bis auf rund 35000 km nahe. Da die Sonde ständig ihre Positionen „meldete", ergab sich die Möglichkeit, aus ihrer Bahnform, die ja der Anziehung der Venus unterlag, die Masse M des Planeten mit hoher Genauigkeit zu berechnen. Man fand als neuen Wert für $M = 0{,}81485$ Erdmassen mit einem Fehler von nur 0,015 %. Die seit Newcombs Zeiten (1895) bis heute aus den Störungen der Venusbahn durch Merkur und Erde berechnete Masse der Venus lag im Mittel bei 0,8136 Erdmassen mit einem Fehler von 0,14%.

Die Lichtgestalten. Venus zeigt ebenso wie Mond und Merkur im Laufe des oben skizzierten synodischen Umlaufes Phasengestalten. Während in der unteren Konjunktion (Neuvenus) die Planetenscheibe dunkel erscheint, ist sie in der oberen Konjunktion, wie beim Vollmond, ganz beleuchtet. In den größten

Elongationen sind die Phasen ähnlich denen des ersten oder letzten Viertels des Mondes (Abb. 20). (Dabei zeigt Venus als Abendstern ähnliche Phasen wie der wachsende Mond, als Morgenstern die Phasen des abnehmenden Mondes.) E. F. Weidner, „einer der merkwürdigsten unter den oft sehr merkwürdigen Assyriologen" (C. W. Ceram), verdanken wir die Entzifferung eines interessanten Textes, der folgendermaßen lautet: „Wenn Ischtar (Venus) mit

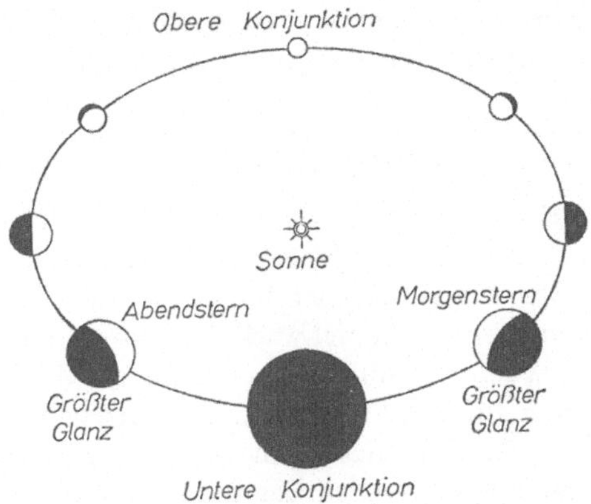

Abb. 20. Schematische Darstellung der Phasen der Venus in verschiedenen Erscheinungen

ihrem rechtsseitigen Horn sich einem Stern nähert, so wird es Überfluß im Lande geben. Wenn Ischtar mit ihrem linksseitigen Horn sich einem Stern nähert, steht es schlecht um das Land." Darf man aus dem Text folgern, daß man in dem ausgezeichneten durchsichtigen Klima Babylons die schmale Sichel (Horn) der Venus etwa kurz vor oder nach der unteren Konjunktion mit bloßem Auge wahrgenommen hat? Man hat dies für möglich gehalten, doch möchte ich es verneinen; Venus kann zwar etwa 2 Wochen vor oder nach ihrer unteren Konjunktion noch einen Durchmesser von rund 1 Bogenminute haben, aber das menschliche Auge vermag eine solche kleine lineare Ausdehnung nicht mehr aufzulösen. Doch vielleicht bietet sich folgende Erklärung an: Die Archäologen berichten, daß eine am mittleren Euphrat gefundene Plastik der Himmelsherrin Ischtar, die den Planeten

Venus als Morgen- und Abendstern verkörperte, eine Hörnerkrone trug. Es ist meiner Meinung nach also denkbar, daß der Text in irgendeiner symbolischen Form auf die mit Hörnern geschmückte Darstellung der Göttin Venus Bezug nimmt. Wirklich erkannt hat die Phasen der Venus wohl als erster Galilei, als er im Jahre 1610 mit seinem selbstgefertigten Fernrohr den Himmel durchmusterte. Es war eine Aufsehen erregende Entdeckung, bildete sie doch ein „herrliches, bedeutsames Argument" für die damals heiß umstrittene Lehre des Kopernikus. Zur Wahrung der Priorität veröffentlichte Galilei seine Entdeckung mit dem Anagramm:

„Cynthiae figuras aemulatur mater amorum"
(Venus ahmt die Lichtgestalten des Mondes nach.)

Das aschfarbige Licht. Jeder kennt den reizvollen Anblick, den unser Erdmond als feine Sichel bietet; man sieht dann außer dem von der Sonne beschienenen schmalen Teil des Mondes die übrige Mondkugel im fahlen schwachen Licht schimmern. Dieses „aschfarbige" Leuchten rührt, wie bereits Leonardo da Vinci vermutete, von dem auf den Mond zurückgeworfenen Erdlicht her. Nun hat bereits Pater J. Riccioli die merkwürdige Erscheinung erwähnt, daß auch Venus etwa in der gleichen Phase wie der Mond im aschfarbigen Licht leuchtet. Zahlreiche weitere Beobachter haben im Laufe der Jahrhunderte bis heute dieses merkwürdige Phänomen gesehen, an dessen Realität nicht gezweifelt werden kann. Bei der weiten Entfernung der Venus von der Erde kann natürlich dieser aschfarbige Schimmer des Planeten nicht etwas — analog zum Mond — mit dem Erdlicht zu tun haben. (Man bedenke, daß Venus in unterer Konjunktion rund 110mal so weit wie der Mond von der Erde entfernt ist.) Könnte nicht, so meinte man, dieses sekundäre Licht von einem hypothetischen Venusmond herrühren? Das ist schon deshalb äußerst unwahrscheinlich, weil ein solcher Körper stattliche Dimensionen aufweisen müßte. Die Astronomen versichern uns, daß nach heutiger Erkenntnis Venus keinen Mond besitzt. Dies ist keine leere Aussage, sie stützt sich vielmehr auf systematische Satellitensuche, die man seit 1954 mit dem 82-inch-Spiegelteleskop des McDonald-Observatoriums (Texas) durchführte. Über 40 photographische Platten, bei denen die Grenzgröße der schwächsten Sterne zwischen der 14. bis

16. Größenklasse lag, wurden bei dieser Suche in einem Feld rund um die Venus, in denen nach theoretischen Erwägungen sich ein Mond bewegen könnte, durchmustert. Das Ergebnis lautete nach jeder Plattendurchsicht: Kein Satellit gefunden.

Kehren wir wieder zur Deutung des aschfarbigen Venuslichtes zurück. Wir wissen, daß die Leuchterscheinungen des irdischen Polarlichtes von solaren Einflüssen herrühren. Da nun Venus um rund 42 Millionen Kilometer der Sonne näher steht als die Erde, werden die von der Sonne ausgeworfenen Partikelströme auf der Venus intensiver einfallen, und die Erklärung liegt nahe, daß wir es beim Lichtschimmer des sekundären Leuchtens mit einem „Venuspolarlicht" zu tun haben könnten. Dies setzt allerdings ein stärkeres Magnetfeld auf dem Planeten voraus, das er aber nach den „Meldungen" der Flugsonde Mariner 2 jedenfalls rund 40000 km von der Venusoberfläche entfernt nicht besitzt. Es bleibt übrig anzunehmen, daß das Magnetfeld der Venus oberflächennah stärker ist.

Überraschung löste die Mitteilung russischer Astronomen aus, daß sie ein Venuspolarlicht beobachtet hätten, doch werden Zweifel geäußert, ob es sich um eine wirkliche Polarlichterscheinung handelte. Es wird Aufgabe weiterer Forschungssonden sein, diese Frage näher zu untersuchen. Studien über die noch nicht geklärten Erscheinungen wären von großer Wichtigkeit, weil sie uns in Venusentfernung vielleicht näheres sowohl über den Ursprung als auch über die Wechselbeziehungen der von der Sonne ausgehenden interplanetarischen Korpuskularstrahlung verraten könnten.

Oberfläche und Zirkulation. Selbst größere Fernrohre zeigen nur einige diffus definierte dunkle Bänder auf der uns sichtbaren Oberfläche der Venus. Man hat diese Gebilde als Zirkulationsströmungen angesprochen und Modelle berechnet, nach denen die Strömung, die wohl von Antizyklonen in Gang gebracht wird, die Luft von den wärmeren zu tiefer temperierten Gegenden treibt. Ein Bild eines solchen, auf theoretischen Erwägungen beruhenden Modells zeigen wir in Abb. 21 rechts. In der Mitte (schwarzer Kreis) befindet sich der Subsolarpunkt, der als Ort auf der Planetenoberfläche definiert ist, für den die Sonne im Zenit steht. Demnach sollten die gestrichelt gezeichneten Flächen, an deren Rand die warme (*w*) und kalte (*k*) Zirkulation vermerkt ist, sich dunkel von den hellen Randbögen abheben. Wie weit diese Vorstellung mit der Beobachtung übereinstimmt, sollte eine interessante systematische Untersuchung von A. Dollfus auf der Hochstation des Pic du Midi (2885 m) zeigen. Bei diesen Untersuchungen wurde eine größere Anzahl von Venuszeichnungen auf Transparentpapier übertragen und dann, Bild an Bild aufeinandergelegt, photographiert. Bei mehreren solchen Reihen, die um Tage oder auch Wochen auseinanderlagen, zeigte sich, daß die schwachen

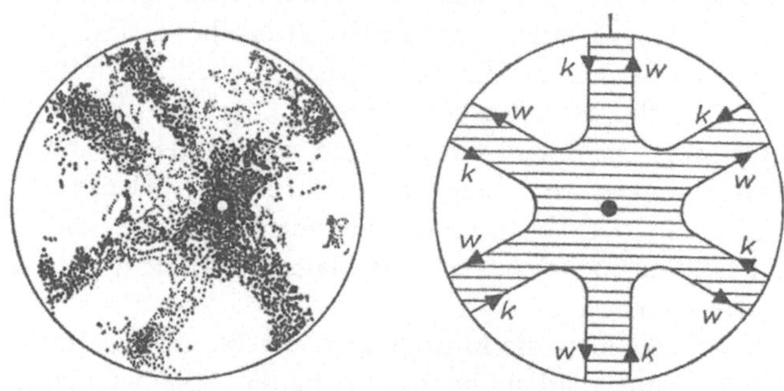

Abb. 21. Links: Die Oberfläche der Venusatmosphäre. Nachzeichnung einer aus 10 Einzelzeichnungen aufeinanderkopierten Photomontage des Observatoriums Pic du Midi. (Aus „Planets and Satellites", The Solar System III, Chicago 1961.) Rechts: Zirkulation in den höheren Schichten der Venus. Modellvorstellung nach Y. Mintz. (Aus N. A. Weil, „Advance in Space Science", Suppl. 2, Academie Press, New York u. London 1965.) Weißer bzw. schwarzer Kreis = Subsolarpunkt

Dunkelgebiete sehr oft am gleichen Ort erschienen. Neben das theoretische Modell haben wir links in unserer Abb. 21 ein solches durch Photomontage entstandenes Bild nachgezeichnet. Es zeigt in groben Zügen Ähnlichkeit mit der schematischen Modellvorstellung. Da im Gegensatz zu Rot- oder Infrarotaufnahmen der Venus nur die Ultraviolettphotographie solche Bänder oder Flecke zeigt, gehören sie offensichtlich als Wolkengebilde der dichten Atmosphäre an.

Wie aus mannigfaltigen Beobachtungen hervorgeht, ist Venus also von einer dichten und ausgedehnten Wolkenatmosphäre umgeben. Hierfür spricht z. B. auch die hohe Albedo der Venus, also ihr Rückstrahlungsvermögen, das etwa dem irdischer Wolken gleicht. Auch die Polarisation des Planeten ähnelt dem einer

Nebelwolkendecke. Einen eigenartigen Anblick bietet der Planet, wenn die Spitzen der schmalen Venussichel sich zuweilen weit über ihre geometrisch bestimmten Grenzen ausbreiten, ja sich manchmal wie ein geschlossener feiner Lichtring um die Venuskugel legen. Diese Erscheinung kann nur durch Brechung in einer ausgedehnten Atmosphäre erklärt werden. Ein weiteres Phänomen betrifft die sogenannte Dichotomie des Planeten, mit der es folgendes auf sich hat: Man kann mit großer Genauigkeit den Zeitpunkt berechnen, wann die Planetenkugel zur Zeit der Elongationen vom Erdbeobachter aus betrachtet genau in eine dunkle und eine helle Hälfte geteilt ist, und man nennt den Zeitpunkt solcher Zweiteilung Dichotomie (aus dem Griechischen = zur Hälfte geschnitten). Ein geübter Planetenbeobachter kann andererseits — ohne um die geometrische Rechnung zu wissen — mit guter Genauigkeit feststellen, wann seiner Schätzung nach Dichotomie eintritt. Beim Vergleich solcher Beobachtung mit der Rechnung zeigte sich nun, daß bei westlichen Elongationen Dichotomie rund 5 Tage zu spät und bei östlichem größtem Abstand um denselben Betrag zu früh eintrat. Man verdankt diesen Beobachtungsbefund vor allen Dingen den geübten Liebhaberastronomen und erklärt ihn durch Zerstreuung und Brechung des Lichtes in der Venusatmosphäre. Wenn auch die den Planeten umgebende Wolkenhülle uns den Einblick auf ihre eigentliche Oberfläche verwehrt, so bietet sie, wie wir gesehen haben, dem Planetenbeobachter doch mancherlei lohnende Beobachtungsmöglichkeiten.

Alle gelegentlich beobachteten und von mehreren Beobachtern bestätigten hellen oder dunkleren Schattierungen auf der uns sichtbaren Oberfläche, die zumeist allerdings recht verwaschen und nicht scharf begrenzt erscheinen, sind kurzlebige Gebilde. Das Vorhandensein der von erfahrenen Amateuren auf der Nord- und Südseite der Venusscheibe wahrgenommenen „Polkappen“, die anscheinend völlig sporadisch auftauchen und wieder vergehen, wurde auch durch Polarisationsmessungen bestätigt. Sie haben aber, wie wir heute annehmen dürfen, nichts mit Gebilden um die Rotationspole der Venus zu tun, da die Rotationsachse vermutlich nahezu senkrecht auf der Bahnebene des Planeten steht (s. S. 53).

Rotation. Die besonders von früheren Astronomen gesehenen, angeblich hell begrenzten Flecke sind recht fragwürdig, obwohl man aus ihrer vermuteten fortschreitenden Bewegung versuchte, die Rotation der Venus zu bestimmen. Über die erste Beobachtung dieser Art berichtete J. L. Rost in seinem 1743 in Nürnberg erschienenen Buch „Vorstellung des Gantzen Weltgebäudes" folgendes: „Aus den zweyen Flecken, die Cassini auf dem disco der Venus angetroffen, hat er durch die darüber gehaltenen Observationes geschlossen, daß sie sich ohngefehr in 24 Stunden um ihre Axin drehe." Zweifellos erfolgen aber solche Bewegungsvorgänge — wenn sie überhaupt als reell angesehen werden können — überaus unbeständig, und es ist nicht verwunderlich, daß die aus solchen Fleckenbeobachtungen abgeleiteten Rotationszeiten recht widersprechende Ergebnisse lieferten. Die aus visuellen Oberflächendetails oder aus Unregelmäßigkeiten der Sichel oder der Lichtgrenze abgeleiteten Rotationsbestimmungen gehen in die Dutzende. Bei 76 von W. Sandner zusammengestellten Bestimmungen liegt der Wert von rund 24 Stunden (51 %) an der Spitze. Demgegenüber vermuteten 32 % der Beobachter eine Rotationszeit von um 225 Tagen. Da diese Zeit der Umlaufszeit der Venus um die Sonne entspricht (siderischer Umlauf = 224,7 Tage), würde dann der Planet der Sonne stets die gleiche Seite zukehren. Es sei noch erwähnt, daß der Rest der Beobachter (17 %) etwa zu gleichen Teilen Rotationszeiten zwischen 2—15 bzw. 25—195 Tage angibt. Photographische und spektroskopische Beobachtungen streuen etwa in den gleichen Grenzen. Bei solchen sich derart widersprechenden Ergebnissen mußte man bekennen, daß die den Planeten umgebende Atmosphäre die Astronomen bis „gestern" vor eine unlösbare Aufgabe stellte.

Heute aber scheint sich doch der Schleier des Rätsels um die Rotationszeit der Venus gelichtet zu haben. Bereits im Jahre 1961 hatte man versucht, mit noch nicht ganz ausgereiften Radarmethoden die Rotation der Venus zu bestimmen; sie schien danach kurz zu sein. Bei weiteren Versuchen amerikanischer und sowjetischer Radioastronomen fanden die Amerikaner Perioden von entweder 248 oder 266 Tagen, während die russischen Beobachter sie der Größenordnung nach auf 300 Tage schätzten. Als man dann mit dem Riesen-Radarteleskop von Arecibo (s. S. 38) nach weiterer Verfeinerung der Meßmethoden die Untersuchungen 1964 fortsetzte, ergaben sich so klare Ergebnisse, daß man mit guter Sicherheit für die Rotation der Venus eine Periode von 248 ± 5 Tagen annehmen darf. Die Beobachtungsmethode — es ist die gleiche, die man beim Merkur anwandte — haben wir auf S. 38 näher beschrieben. Der Sinn der Rotation verläuft retrograd, d. h. also von Ost nach West, umgekehrt wie bei der Erde, wobei die Rotationsachse — mit einer Neigung von 84° gegen die Ebene der Planetenbahn — fast senkrecht auf dieser steht. Das Ergebnis wird uns zwingen, manche bisherige physikalisch-theoretische Überlegung zu revidieren und auch die visuell und photographisch

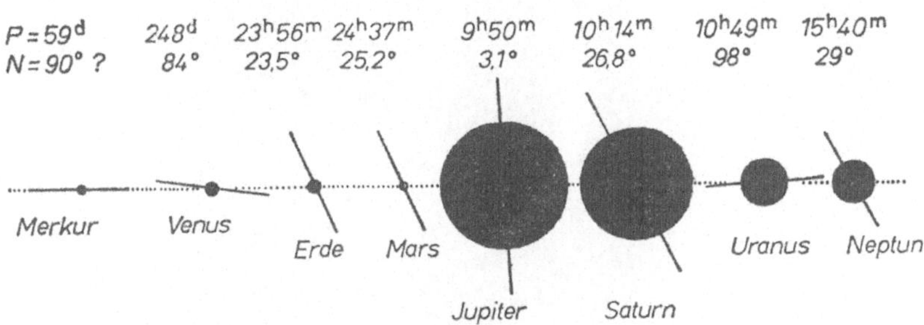

Abb. 22. Die Rotationszeiten P der Planeten und ihre Achsenneigungen N gegen die Senkrechte zu den Bahnebenen

beobachteten Erscheinungen in der oberen Planetenatmosphäre unter anderen Aspekten zu betrachten. An dieser Stelle fügen wir eine graphische Übersicht ein, in der die Achsenneigungen gegen die Bahnebenen der Planeten eingezeichnet und auch die Rotationszeiten vermerkt sind (Abb. 22).

Temperaturbestimmungen. Bei der Größe, mit der sich die Venus dem Erdbeobachter bietet, bedeutete es keine große Schwierigkeit, die Temperatur an verschiedenen Stellen der beleuchteten und dunklen Oberfläche zu bestimmen. Als Meßinstrument dient bei derartigen Messungen ein Thermoelement, bei dem die vom Planeten emittierte Wärmestrahlung auf die Lötstellen verschiedener Metalle fällt. Dadurch wird das Fließen eines Thermostromes ausgelöst, der dann mit einem geeichten Galvanometer gemessen werden kann. In Abb. 23 ist das Prinzip der Messung dargestellt. Das kleine im Fokus des Fernrohres montierte achteckige Thermoelement ist links gezeigt. Durch entsprechende

Regulierung des Fernrohruhrwerks läßt man nun den Planeten langsam in Richtung des Pfeiles über das „Thermometer“ laufen und registriert die Galvanometerausschläge. Die Ergebnisse solcher Temperaturmessungen auf der Venus mögen überraschen. Auf der von den Sonnenstrahlen getroffenen äußeren Atmosphäre

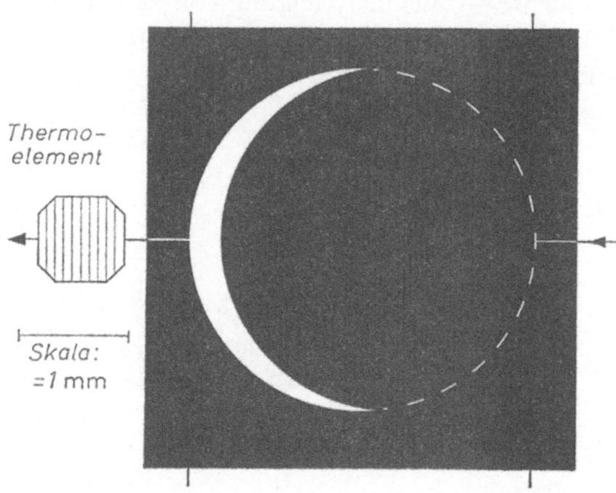

Abb. 23. Zur Temperaturmessung der Venus. Links das kleine Vakuum-Thermoelement, über das der Planet mit seiner sonnenbeschienenen Sichel und danach mit seiner dunklen Scheibe geführt wurde. (Beobachtungen des Mt.-Wilson-Observatoriums)

des Planeten Venus herrscht eine Temperatur von etwa —40° C und die dunkle Seite hat annähernd die gleiche Temperatur; sie ist jedenfalls höchstens etwa 5° kälter. Auch Temperaturmessungen mit Radiometern, mit denen man die Planetenwärme im infraroten Spektralbereich mißt, bestätigen die mit Thermoelementen erhaltenen Temperaturwerte. Im Gebiet der Radiowellen von etwa 3—21 cm Wellenlänge fand man die unerwartet hohen Temperaturen von rund 330° C, sie müssen von einer sehr heißen Oberfläche des Planeten ausgehen. Demgegenüber fällt im Gebiet kürzerer Wellen die Temperatur ab und beträgt bei Wellenlängen von rund 0,5 cm nur noch etwa —40° C. Dieser Befund stimmt gut mit Temperaturbestimmungen überein, die man mit Thermoelementen oder der Infrarotphotometrie für die obersten Wolkenschichten ermittelte.

Atmosphäre und Modellvorstellungen. Unsere Kenntnisse über die Venusatmosphäre sind in den letzten Jahren durch die Bemühungen der Radioastronomen, durch den Einsatz von Ballon-Sternwarten und den bewundernswerten Flug der Venussonde Mariner 2 weit vorangeschritten. Doch manche Fragen bleiben noch unbeantwortet. So ist es nicht verwunderlich, daß die Vorstellungen über den Aufbau der Venusatmosphäre vielfach

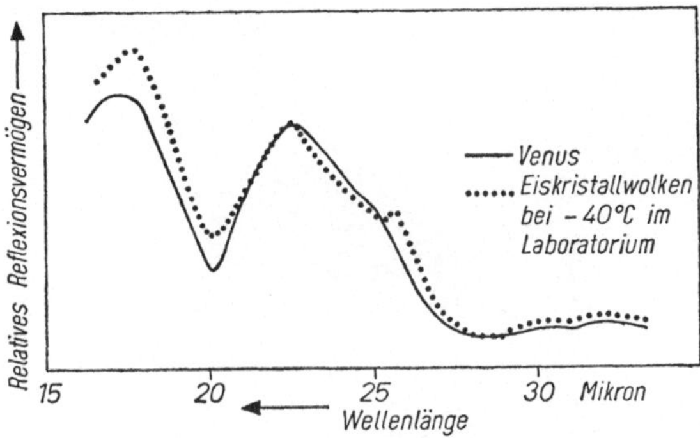

Abb. 24. Im Laboratorium wurde das Reflexionsvermögen der Venus mit Wasser, Eis, Sand, Öl, Trockeneis, Reif, Wassertropfen und Eiskristallen bei verschiedenen Temperaturen untersucht. Die beste Übereinstimmung ergab sich, wie obige Darstellung zeigt, bei Eiskristallwolken bei Temperaturen wie sie in der Wolkenatmosphäre der Venus herrschen. (Nach M. Bottema, Astrophys. J. 140, No. 4, 1964)

noch auseinandergehen. Nach spektroskopischen Beobachtungen besteht die wohl mit Staub durchsetzte Wolkenhülle in der Hauptsache aus Kohlendioxyd, während Sauerstoff nicht festgestellt wurde. Sicher ist auch Stickstoff vorhanden, doch liegen unglücklicherweise die Stickstoffbanden in jenem Teil des Spektrums, der von der irdischen Lufthülle absorbiert wird, so daß sie nicht nachgewiesen werden können. Zur noch nicht sicher geklärten Frage, ob es auf der Venus Wasserdampf gibt, lautete die Antwort nach Auswertung der Meßdaten der Venussonde Mariner 2, daß praktisch kein Wasserdampf vorhanden ist. Demgegenüber stellte man bei einem Ballonaufstieg (1964) im Infrarot Spuren von Wasserstoff fest. Die Messung erfolgte in 27 Kilometer Höhe, wo in der irdischen Atmosphäre nur noch 0,03 % Wasserstoff vorhanden ist. Ein weiterer im gleichen Jahr durchgeführter Ballonaufstieg galt der Bestimmung des Reflexionsvermögens der Wolkenoberfläche. Das Ergebnis der spektroskopischen Messungen im Infrarot lautet nach dem Bericht der Forscher: „Unserer Meinung nach gleicht das Reflexionsvermögen der Venuswolkenschicht dem von Eiswolken". In der Abb. 24 haben wir die Resultate dieses Experi-

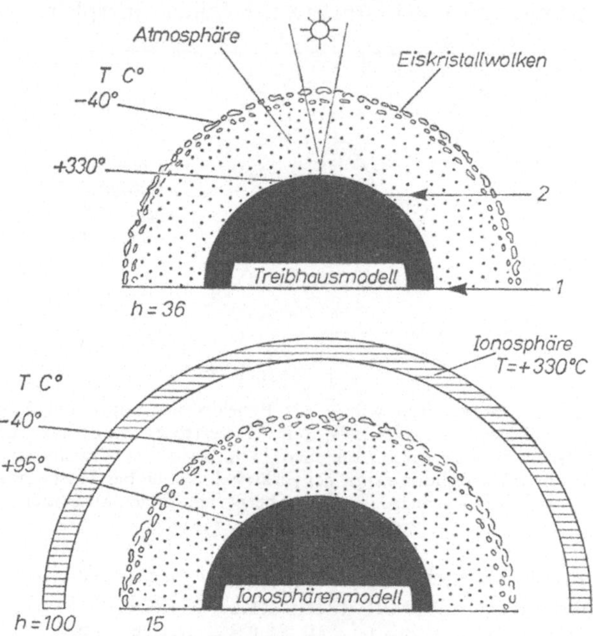

Abb. 25. Zwei Temperatur-Atmosphärenmodelle der Venus (sehr schematisch). *h* = Höhe der Schichten über der Oberfläche des Planeten (schwarz) in Kilometern

mentes dargestellt. Die Ergebnisse der Temperaturbestimmungen sprechen, wie wir erwähnten, dafür, daß der Planet eine sehr heiße Oberfläche besitzt, über die sich eine nach oben abgekühlte Hülle wölbt. Der so unterschiedliche Temperaturverlauf kommt dabei durch einen Treibhauseffekt zustande. Wir haben dieses sogenannte Treibhausmodell in der Abb. 25 oben schematisch skizziert: Das einfallende Sonnenlicht vermag die in ihren obersten Schichten aus Eiskristallwolken bestehende Atmosphäre zu durchdringen und heizt die Oberfläche auf. Die dann von dem warmen Boden ausgehende Infrarotstrahlung wird in der niederen Atmosphäre bereits absorbiert und an den Wolken zerstreut. Es kann also die kurzwellige Wärmestrahlung wohl durch das „Wolkenfenster" eindringen, doch vermag die dunkle Wärmestrahlung des aufgeheizten Bodens nicht durch die Wolkenschicht zu entweichen (Treibhauseffekt). So erklärt es sich, daß man im Bereich der dunklen Wärmestrahlung (3—21 cm Wellenlänge) die heiße Bodentemperatur von rund 330°C mißt. Im Gebiet der kürzeren Wellen aber (etwa von 0,5 bis 1 cm) ergibt die Strahlungsmessung uns die Temperatur der Wolkenschicht, die, wie gesagt, um —40°C beträgt. Ein zweites Modell (Abb. 25, unten) geht von der Annahme aus, daß über den uns sichtbaren Wolken eine elektrisch geladene Schicht, eine Ionosphäre, liegt, wie sie auch unsere Erde besitzt. Die beobachtete Radiostrahlung von rund 330°C wäre dann als Elektronentemperatur der Ionosphäre zu deuten. Da die Ionosphäre bei Wellenlängen von etwa 1 cm durchlässig wird, stammt die Wärme, die wir etwa mit Thermoelementen messen, von der unter der Ionosphäre liegenden Wolkenschicht.

Die Lebensbedingungen, die man auf Grund jedes dieser Modelle auf der Venus erwarten sollte, unterscheiden sich natürlich gewaltig. Beim Treibhausmodell herrscht am Boden Backofenhitze und die Sonne scheint trübe durch dicht verhangene Eiskristallwolken; überdies ist es unwahrscheinlich trocken, aber vermutlich relativ windstill. Ganz im Gegensatz hierzu liegt beim Ionosphärenmodell, dessen Gültigkeit allerdings fraglich ist, die Temperatur noch unter dem Siedepunkt des Wassers und niedere Lebensmöglichkeit wäre denkbar. Nach dem heutigen Stand der Forschung ist aber auch das Treibhausmodell nur als Arbeitshypothese anzusehen. Erst die in den nächsten Jahrzehnten in die Venusatmosphäre eintauchenden oder auf dem Boden landenden Raumsonden werden uns die wahre Konstitution des Planeten verraten können. Einen wesentlichen Schritt zur Klärung der Frage, welche Vorstellung den Vorzug verdient, könnte man erwarten, wenn der Planet unterschiedliche Helligkeit oder Temperatur von der Mitte zum Rande hin aufweist, was man beim Treibhausmodell erwarten sollte. Wenn man also etwa mit einem Radiometer (Radioteleskop) die Planetenscheibe sowohl in Richtung des

Pfeiles 1 als auch in Richtung des Pfeiles 2 (Abb. 25, oben) abtasten könnte, so hätte im ersten Fall die von der heißen Oberfläche ausgehende Strahlung einen kürzeren Weg durch die Atmosphäre zurückzulegen als die vom Rand (Pfeil 2) kommende. Das heißt mit anderen Worten, es müßte sich eine „Randverdunkelung" in dem Sinne bemerkbar machen, daß der Venusrand tiefere Temperaturen aufweist als die zentral gelegenen Teile der Planetenkugel.

Forschungsergebnisse der Venussonde Mariner 2. Die entscheidende Antwort auf diese Frage erbrachte die in Kap Kennedy

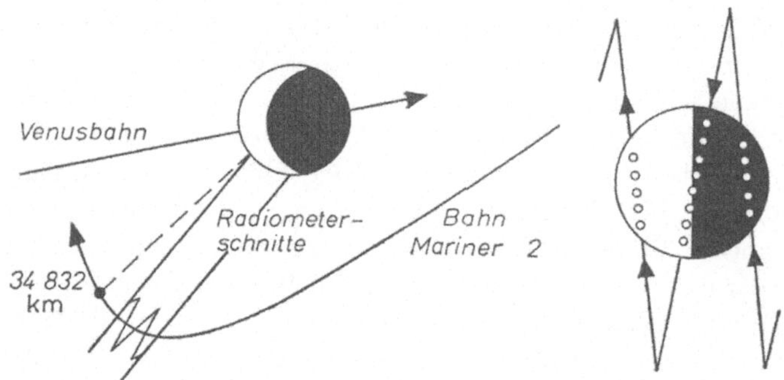

Abb. 26. Links: Flugbahn von Mariner 2 am 14. Dez. Rechts: So strich das Radiometer der Venussonde über die Venusscheibe und lieferte dabei 18 Meßdaten. (Nach NASA-Darstellungen gezeichnet)

gestartete Venussonde Mariner 2, die auf ihrem denkwürdigen Flug nach 109tägiger Reisezeit am 14. Dezember 1962 34832 km von der Venusoberfläche entfernt vorbeiflog (Abb. 26). Sie führte mit sich ein 21 Pfund schweres Miniatur-Radioteleskop mit einer 50 cm Parabolantenne, die Strahlung der Wellenlängen von 19 mm und 13,5 mm empfangen konnte. Kurz vor dem Vorbeiflug erhielt das Radiometer das Kommando, sich auf die Venus auszurichten und auf Empfang zu gehen. Nach dem ersten Radiokontakt strich dabei die Antenne bei einer mittleren Entfernung von 44100 km etwa 41 Minuten lang langsam über die Planetenscheibe. Um möglichst viele Kontakte mit der Oberfläche zu erhalten, wurde die Antenne während dieser Durchgangsmessungen von einem Motor auf- und abbewegt. Unsere Abb. 26, rechts, zeigt den Verlauf des bewundernswerten Experiments. Einem Fluggast hätte sich während des Vorbeifluges die Venus als eine stattliche Scheibe von 15° Durchmesser gezeigt. (Vom Erdbeobachter aus gesehen hatte Venus an diesem Tage einen Durchmesser von nur 0,012°.) Die Auswertung der drei Durchgänge ergab Temperaturen von 187°C, 297°C und 127°C, man erkennt also, daß die randnahen Abtastungen im Mittel um 140°C tiefer liegen, was also für „Randverdunklung" und für die Annahme spricht, daß die Strahlung von einer heißen festen Oberfläche ausgeht und dann durch die darüber liegende Atmosphäre geschwächt wird.

Mariner 2 fiel weiter die Aufgabe zu, durch Messungen im Bereich des Infrarotspektrums bei Wellenlängen von 8,5 bzw. 10,4 Mikron (1 Mikron = $^1/_{1000}$ mm) die Wolkenoberfläche gewissermaßen zu durchloten. Man ging bei diesem Experiment von der Annahme aus, daß bei einer nicht kompakten, sondern durchbrochenen Wolkendecke die Energie der Strahlung bei den beiden auf Empfang geschalteten Wellenlängen nicht unerhebliche Unterschiede aufweisen sollte. Aber das Gegenteil war der Fall, die Strahlung in beiden Spektralgebieten glich sich wie ein Ei dem anderen, sollte also nach den obigen Überlegungen von einer geschlossenen kompakten Oberfläche herrühren. Dies steht allerdings im Widerspruch zu den vielfach auf der uns sichtbaren Oberfläche beobachteten und sicherlich reellen „Wolkenfeldern".

Die Forschung auf dem Gebiet der Radioastronomie entwickelt sich heute in einem stürmischen Tempo. Satelliten mit ihren so wundervoll elektronisch gesteuerten Instrumenten tragen diese bis in den interplanetarischen Raum. Vom Erdboden aus kommen ständig verfeinerte Meßmethoden zur Anwendung, oder man bringt immer größere Instrumente mit Ballon-Sternwarten bis über die den Blick trübenden Schichten unserer irdischen Lufthülle zum Einsatz. Kein Wunder, daß bei der Erforschung des von dichten Wolken umhüllten Planeten Venus Fragen, auf die man gestern noch gültige Antwort zu geben glaubte, heute andere Deutung erfordern und daß neue Rätsel auftauchen.

Venusvorübergänge. Die Bedeutung, die den Vorübergängen der Venus vor der Sonnenscheibe für die Bestimmung der astronomischen Einheitsentfernung zukommt, erkannte bereits E. Halley im Jahre 1716. Da die Venusbahn nur leicht (3,4°) gegen die Ekliptik geneigt ist, kommt es in einem Zeitraum von 243 Jahren (mit Folgen von 8, 121½, 8 und 105½ Jahren) vor, daß der Planet genau zwischen Erde und Sonne steht, und dann als schwarzer Fleck über die Sonnenscheibe zieht. Solche Vorübergänge vor der Sonnenscheibe spielen sich für Beobachter an verschiedenen Erdorten insofern anders ab, als jeder die Ein- und Austritte an verschiedenen Stellen der Sonnenscheibe wahrnimmt. Auch die Durchgangssehnen und damit auch die Durchgangszeiten erscheinen jedem der beiden Erdbeobachter verschieden lang.

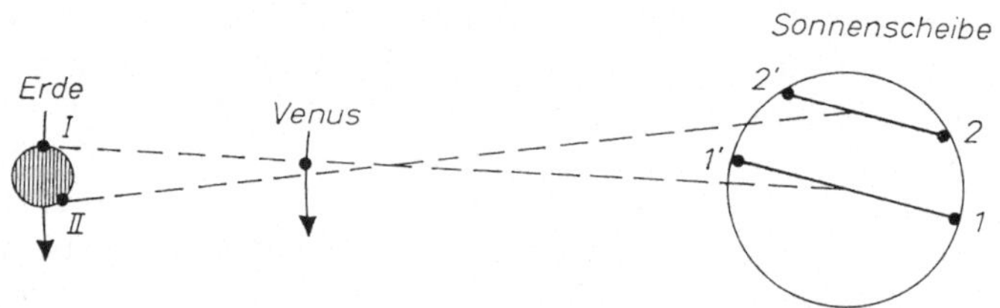

Abb. 27. Venusvorübergang, wie ihn zwei Erdbeobachter bei I und II sehen (schematisch)

Unsere Abb. 27 zeigt uns den Vorgang für zwei Erdbeobachter bei I und II. Für den Beobachter I verläuft z. B. der Weg des Planeten vor der Sonnenscheibe von 1 nach 1′, während der Beobachter II die schwarze Scheibe der Venus auf der Sehne 2—2′ wandern sieht. Aus den Abständen dieser beiden Sehnen läßt sich dann die Sonnenentfernung berechnen. Gefunden wird aus den Beobachtungen die Sonnenparallaxe. (Man spricht häufig statt von der Sonnenentfernung von der Sonnenparallaxe, es ist dies der vom Erdradius mit dem Sonnenmittelpunkt gebildete Winkel; beide stehen in einfacher Beziehung zueinander.) Der in die Berechnung eingehende Abstand der beiden Wege kann nur aus dem Zeitunterschied, die beide Erdbeobachter zu bestimmen haben, gefunden werden. Bei den Venusdurchgängen der Jahre 1761, 1769, 1874 und 1882 entsandten die Astronomen vieler Länder Expeditionen an verschiedene Erdorte, um mit möglichster Genauigkeit die Durchgangszeiten zu beobachten. Doch bald zeigte sich, daß die bestechend schöne Methode zur Ermittelung der fundamentalen Größe der astronomischen Einheitsentfernung entgegen den Erwartungen Mängel aufwies. Während man nämlich damit rechnete, die Daten der Ein- oder Austrittszeiten mit einer Genauigkeit von mindestens 1—2 Sekunden ermitteln zu können, erreichte die Unsicherheit bei den Zeitbestimmungen Beträge bis zu 10 Sekunden. Wegen der den Planetenkörper umgebenden mächtigen Atmosphäre, war es überaus schwierig genau abzuschätzen, wann wirklich Venus den Sonnenrand berührte oder sich etwa nach dem Eintritt auf der Scheibe von dieser löste. Es ergab sich schließlich aus der Gesamtbearbeitung der vier Venusdurchgänge für die Distanz Erde-Sonne eine Entfernung von 153 Millionen Kilometer, ein Wert, der gegenüber den neuesten Bestimmungen fast 4 Millionen Kilometer zu groß ist. Da heute zur Bestimmung der astronomischen Einheitsentfernung genauere Radarmethoden zur Verfügung stehen, kommt dem Ereignis der Venusdurchgänge nur noch historisches Interesse zu. Die nächste Folge von Venusvorübergängen findet in den Jahren 2004, 2012, 2117 und 2125 statt.

Bei den erwähnten Radarechobeobachtungen zur Ermittelung der Einheitsentfernung stand auch Venus Pate. Es kommt bei der Methode darauf an, die Laufzeiten zwischen den vom Sender auf die Oberfläche des Planeten gesandten Impulsen und den von der Empfangsantenne dann aufgenommenen Echos zu messen. Bei bekannter Entfernung Erde-Venus kann man die Sonnenentfernung dann aus dem Verhältnis ihrer Entfernung zur Sonne berechnen. Die Methode, bei der sich für die mittlere Entfernung zwischen den Mittelpunkten von Sonne und Erde ein Wert von 149 565 820 ± 330 km ergab, ist sehr genau und mit geringen Fehlern behaftet.

V. Mars

Von der Sonne aus gesehen ist Mars der vierte der Planeten und unser nächster äußerer Nachbar. Sein Beiname, der rote Planet, erfreut sich großer Beliebtheit und geht auf babylonische Glaubensvorstellung zurück. Die im Zweistromland mit erstaunlicher Genauigkeit Jahrhunderte hindurch gepflegte Beobachtung der Farben der Planeten, war durch den Glauben ausgebildet, daß die Wesenszüge des Menschen, die man zugleich auf die Planetengottheit übertrug, von der Farbe desselben bestimmt werden. So wurde die rote Farbe des Mars in Zusammenhang mit dem Pest-, Toten- und Kriegsgott Nergal gebracht, der auch als Herr der glühenden Mittagshitze mit seiner brennenden Glut unheilvolle Dürre über das Land sandte. Der altitalische Frühlingsgott Mars

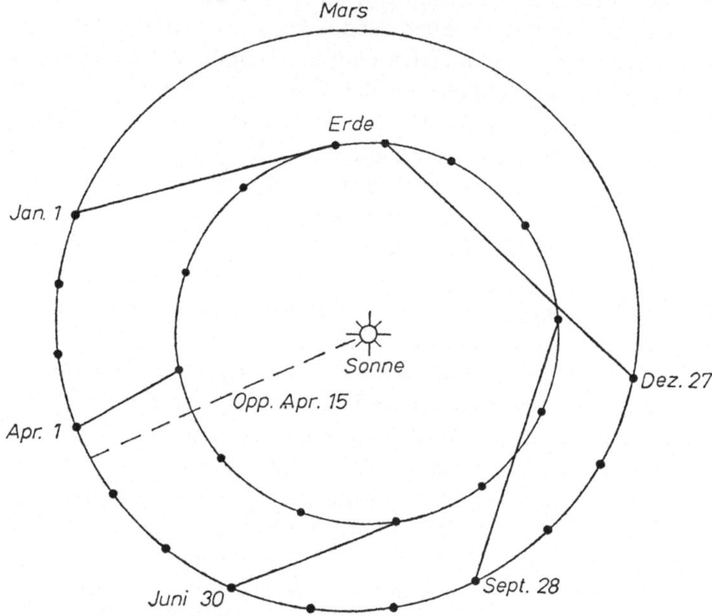

Abb. 28. Heliozentrische Darstellung der Bahnen von Erde und Mars im Jahre 1967 in 30tägigen Intervallen

wurde später mit Ares, dem griechischen Schlachten- und Kriegsgott, verschmolzen und regierte, wenn Krieg mit Tod und Blut die Völker überzog, die Stunde.

Bahn-, Perihel- und Aphelοppositionen. Die von der Erde aus gesehenen Erscheinungen des Planeten werden sehr stark von der ständig wechselnden Erdentfernung bestimmt, wozu noch die beachtliche Exzentrizität der Marsbahn von $e = 0{,}093$ beiträgt. So kann unter günstigen Umständen sich Mars mit einem Scheibendurchmesser von 25,1″ der Erde bis auf 56 Millionen Kilometer nähern, während bei größter Erdentfernung seine Scheibe querdurch nur rund 3½ Bogensekunden mißt und seine Entfernung dann nahezu 400 Millionen Kilometer beträgt. Wir kommen später noch darauf zu sprechen, in welcher Zeitfolge sich dieser Wechsel vollzieht, wollen aber vorerst einen Blick auf die Bahn des Planeten werfen (Abb. 28). Dieser Blick erfolgt von oben her auf die Sonne, um die unsere Erde (nahezu kreisförmig) und Mars in klar erkennbarer elliptischer Bahn sich bewegen. In unserer Abbildung sind vom 1. Januar bis 27. Dezember 1967 in 30tägigen Abständen die Stellungen von Erde und Mars eingezeichnet. Mars, der für einen Sonnenumlauf fast genau 687 Tage benötigt, wird, wie wir sehen, von der Erde am 15. April überholt. Sonne — Erde — Mars stehen an diesem Tag auf einer Verbindungslinie, und der Planet erreicht dann eine wichtige Station seiner Bahn, nämlich seine Opposition. Der wechselvolle Lauf der beiden Planeten bringt auch einen, allerdings geringen, Phasenwechsel mit sich, der schon im 17. Jahrhundert wahrgenommen wurde. Unsere Abb. 29 zeigt die größtmögliche Phase des Planeten. In der Opposition steht der Planet unter günstigen Beobachtungsbedingungen, ist er doch die ganze Nacht durch sichtbar. Bei der Opposition des Jahres 1967 beträgt der Abstand Erde — Mars rund 90 Millionen Kilometer, er erscheint uns als Scheibe von 15,6″, so daß seine Beobachtungsbedingungen nur mittelmäßig günstig sind. Die nächste Opposition findet 2 Jahre und 48 Tage später statt. Die Marsbeobachter werden bei dieser Opposition — sie erfolgt am 31. Mai 1969 — mehr Freude haben, da sich dann der Abstand Erde — Mars auf 72 Millionen Kilometer verringert hat und sein Scheibendurchmesser fast 20 Bogensekunden mißt. Wieder 2 Jahre und 61 Tage später überholt die Erde den roten Planeten, wenn dieser nahezu im Perihel seiner Bahn steht, Mars also den sonnennächsten Punkt seiner Bahn erreicht. In dieser günstigen sogenannten Perihelopposition, die am 10. August 1971 eintritt, ist Mars nur 56 Millionen Kilometer von uns entfernt und präsentiert sich als Scheibe von 24,9″.

Abb. 29. Mars in größter Phase, etwa $^1/_8$ der Planetenscheibe ist in Dunkelheit getaucht

Den Perihelоppositionen stehen die weit ungünstigeren Apheloppositionen gegenüber, bei denen sich der Planet zur Zeit seiner Opposition im sonnenfernsten Punkt seiner Bahn befindet. Wie sich die Folge der Oppositionen im Laufe der zweiten Hälfte unseres Jahrhunderts abspielt, soll unsere Abb. 30 erläutern. In der Jahresskala dieser Darstellung sind oben als Punkte die Oppositionszeiten angeführt. Die Entfernungen von der Erde (in

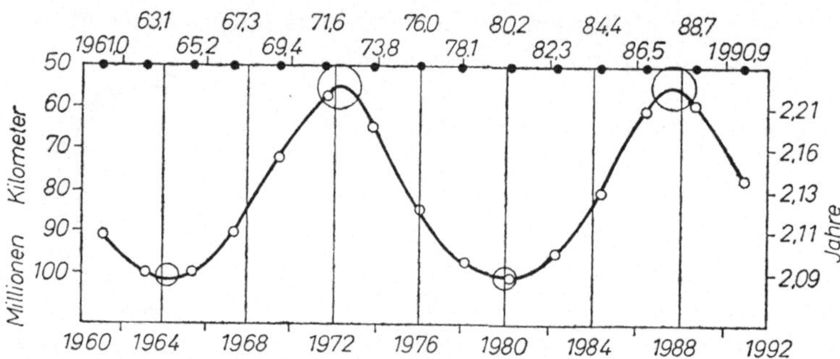

Abb. 30. Der Ablauf der Perihel- und Aphelоppositionen des Planeten Mars von 1960—1990. Oben (Punkte) die Oppositionszeiten des Planeten

Millionen Kilometer) findet man auf der linken Seite und die zwischen den Oppositionen liegenden Zeiten sind rechts vermerkt. Diese Zwischenzeiten von Opposition zu Opposition sind also veränderlich und, wie man sieht, am kleinsten um die Apheloppositionen. Im Mittel beträgt zwischen den 47 Oppositionen des 20. Jahrhunderts der Abstand von Opposition zu Opposition 779,5 Tage. Man nennt bei den Planeten dieses Zeitintervall die synodische Umlaufszeit. Unsere Abb. 30 zeigt, daß Perihel- und Aphelоppositionen in Abständen von rund 15¾ Jahren aufeinander folgen. Weiter sehen wir, wie günstig die Perihelopposition des Jahres 1971 ist. Die dann noch in diesem Jahrhundert folgende Perihelopposition, bei der Mars eine Erdentfernung von rund 59 Millionen Kilometer erreicht, findet erst 17 Jahre später im Juli 1988 statt, jedoch liegt auch die Opposition vom Mai 1986 nahe dem Perihel. Die Beispiele genügen, doch sei noch erwähnt, daß Mars in seinen Aphelоppositionen rund 100 Millionen Kilometer von uns entfernt ist. Mit den eingezeichneten unterschiedlich großen Kreisen in den Perihel- und Aphelоppositionen wird die verschiedene Scheibengröße erkennbar, die in Periheloppo-sition 25,1″ und in Aphelоppositionen 13,8″ betragen kann. Es ist verständlich, daß der Planet auch in den verschiedenen Oppositionen nicht unbeträchtliche Helligkeit aufweisen wird, die von seiner jeweils verschiedenen Entfernung von der Erde und natürlich auch von der Sonne abhängt. So erreicht Mars in günstiger Perihelopposition eine Helligkeit bis zu —2,7. Größe und übertrifft damit sogar Jupiter an Glanz. Demgegenüber sinkt in den Aphelоppositionen seine Helligkeit bis auf —1. Größe ab, der Planet ist dann noch lichtschwächer als Sirius, der hellste der Fixsterne. (Vgl. das Bild von der Helligkeit der Planeten, Abb. 10 S. 24.) Wohlverstanden, hier war immer von Oppositionsstellungen die Rede; wenn sich dagegen Mars immer weiter von der Erde entfernt und schließlich in der Konjunktion Erde-Sonne-Mars auf einer Verbindungslinie stehen, kann seine Helligkeit sogar bis auf die 2. Größenklasse absinken. (Das entspricht etwa der Helligkeit der hellsten Sterne des Himmelswagens.)

Dimensionen. Wenn wir auf die Dimensionen unseres Nachbarplaneten zu sprechen kommen, so müssen wir feststellen, daß Mars etwa nur gut halb so groß wie unser Erdkörper ist. (Vgl. Abb. 31.) Sein Äquatordurchmesser beträgt 6788 Kilometer (Erde = 12757 km). Aus Messungen der Flugzeit der Marssonde Mariner 4 durch den Marsschatten (15. Juli 1965) darf man schliessen, daß er noch etwas größer ist. Die Abplattung des Marskörpers, die man recht genau aus Störungen der Bahnen der Marsmonde berechnen konnte, ist mit 1/192 gering; der Poldurchmesser ist danach nur etwa 35 Kilometer kürzer als sein Äquatordurchmesser. Der Bestimmung der Marsmasse wandte man sich bald nach der Entdeckung seiner beiden Monde zu und fand schon 1878 aus der Einwirkung des Planeten auf die Bahnen der Monde einen Wert, der mit dem später aus längeren Beobachtungsreihen abgeleiteten und heute angenommenen Wert gut übereinstimmt. Danach hat Mars eine Masse, die nur etwa $^1/_{10}$ der Erdmasse beträgt (genauer = 0,1076 Erdmassen). D. h. mit anderen Worten: 9,3 Marskugeln würden einer Erdkugel das Gleichgewicht halten können. Da sich der Inhalt der Erdkugel zum Inhalt von 9,3 Marskugeln etwa wie 109 zu 152 verhält, errechnet sich hieraus für Mars eine Dichte von 109:152 = 0,717 der Erddichte = 3,95 g/cm³, was fast der vierfachen Dichte des Wassers entspricht.

Tycho Brahe und Kepler. Ehe wir Einblick auf die Oberfläche des Planeten nehmen und uns mit seiner physikalischen Natur beschäftigen, sei noch eine historische Begebenheit erwähnt, bei der Mars eine Rolle spielt und die einen Meilenstein in der Erforschung der Bewegung der Planeten bildete. Als Johannes Kepler im Jahre 1599 mit Tycho Brahe in Prag zusammentraf, stand die Bewegung des Mars stark im Mittelpunkt der zwischen den beiden Gelehrten hier gepflogenen Diskussionen. Kepler erhielt dabei Einsicht in die Beobachtungsbücher Tycho Brahes, der mit einer in jener Zeit kaum erträumten Genauigkeit den Planeten Mars beobachtet hatte. Diese vorzüglichen Messungen konnten, so meinte Kepler, ihm den Grundstein zur Erforschung der wahren Theorie der Planetenbewegung geben. Nach der Ansicht des Aristoteles

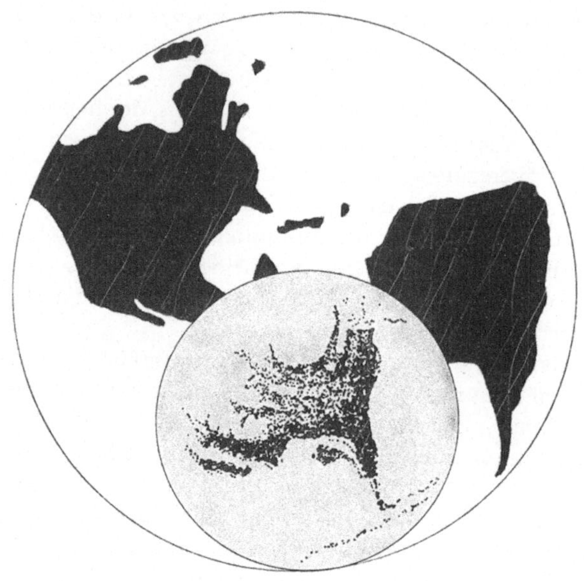

Abb. 31. Die Größenverhältnisse von Erde und Mars. Die Darstellung der Marsoberfläche stammt von Reverend W. R. Dawes aus dem Jahre 1865. Sie zeigt das Mare Cimmerium und die Syrtis Major

war die einzige, vollkommene und natürliche Bahnform der Himmelskörper der Kreis. Doch als sich die Planeten nicht der reinen kreisförmigen Bewegung fügten, versuchte man durch Einführung von Hilfskreisen (Epizykeln) zunächst die ungleichmäßige Bewegung der Planeten zu erklären. Als dann Kopernikus die Sonne in den Mittelpunkt der Kreisung stellte, vereinfachte sich zwar die Vorstellung von der Bewegung der Planeten, aber offen blieb die Frage, welches ihre wahre Bahnform sei? Nun standen Kepler die unübertrefflich genauen Marsbeobachtungen Tycho Brahes zur Verfügung, mit denen ihm der Schlüssel zur Lösung des Problems in die Hand gelegt wurde. In kurzen Worten lief das Problem darauf hinaus, für Erde und Mars eine Bahn und das Gesetz der Geschwindigkeit in dieser Bahn zu finden, das, von der Erde aus betrachtet, den Planeten fortlaufend genau in den unter den Sternen ermittelten Beobachtungsort verwies. Sechs Jahre lang hat sich Kepler mit der Lösung geplagt, sechs Jahre, die erfüllt waren von ständig sich mehrenden Rechnungen oder Konstruktionen und einer unermüdlichen Arbeit. Es gab Fehlschläge und bittere Enttäuschung, bis dann schließlich das Werk durch die Entdeckung der beiden ersten Keplerschen Gesetze von Erfolg gekrönt wurde. (s. S. 16.)

Oberfläche, Rotation und Jahreszeiten. Mars ist, abgesehen vom Erdmond, der einzige Körper unseres Planetensystems, bei dem man die Oberfläche einsehen oder photographieren kann. Mit größeren Fernrohren — wir denken dabei an Teleskope mit über 1 m Öffnung — vermag man visuell unter günstigsten Luftbedingungen in der Perihelopposition auf der Marskugel Flächen von rund 25—30 km Ausdehnung zu trennen. Längere Linienzüge auf seiner Oberfläche, so z. B. die Marskanäle, sind unter den gleichen Bedingungen noch visuell wahrnehmbar, wenn sie nur 5—10 km breit sind. Die Photographie ist dagegen dem visuellen Blick weit unterlegen, denn hier liegt das Auflösungsvermögen bei der Größenordnung von etwa 300 km. Was man daher auf den besten Marsphotos sieht, entspricht etwa dem, was das unbewaffnete Auge beim Mond zu sehen vermag. Die Oberfläche des Planeten bietet dem Fernrohrbeobachter einen bezaubernden Anblick, seine Struktur kann etwa durch folgende Hauptmerkmale beschrieben werden, von denen die Marsbilder (Abb. 32 u. 34) einen Eindruck geben): Polkappen, dunkle und helle Flächen, von denen man die ersteren Meere und die letzteren Wüsten nennt, und Kanäle, die sich anscheinend von einzelnen Oasen über die Wüsten ziehen. Im großen gesehen sind die Strukturgebilde der Oberfläche recht dauerhaft und schon Huygens und Cassini folgerten aus dem langsamen Fortschreiten auffallend dunkler Gebiete, daß sich Mars um seine Achse dreht. Cassini fand 1666 für die Rotation den guten Näherungswert von 24 Stunden 40 Minuten. Bei einer neueren Bestimmung der Rotationsperiode des Planeten bediente sich J. Ashbrook der besten seit 1877—1952 vorliegenden Marszeichnungen. In dieser Zeitspanne von 75 Jahren hatte sich der Planet fast 27000mal um seine Achse gedreht. So konnte man aus dem Material die Rotationsperiode genauer als die der Erde, nämlich auf gut $^1/_{1000}$ Sekunde sicher bestimmen. Sie beträgt danach $24^h\ 37^m\ 22{,}6679^s$. Die Neigung des Marsäquators gegen die Ebene der Bahn ähnelt mit 25,2° der unserer Erde (23,45°).

Von den Erscheinungen der Marsoberfläche gehören die Polkappen zu den auffallendsten Objekten, ihre Bildung und ihr Vergehen oder Abschmelzen hängt mit den Mars-Jahreszeiten zusammen, die, ähnlich wie auf der Erde, auf Mars sich allerdings fast doppelt so lange abspielen: Es dauert der Frühling 146 Tage, der Sommer 160 Tage, der Herbst 199 Tage und der Winter 182 Tage. Das im Marsfrühling eintretende erwähnte Abschmelzen der Polkappen, die eine gewisse Ähnlichkeit mit unseren arktischen und antarktischen Polgebieten aufweisen, geht nicht gleichmäßig vor sich. Vor dem allerdings nicht immer endgültigen Abschmelzen der Polkappen bleiben oft einzelne weiße Flecke übrig. Sicher sind es Schneereste auf höheren Bergkuppen (oder Kraterwällen), die jedoch das allgemeine Niveau vielleicht nur um 2000—3000 m überragen. Die von Mariner 4 bei seinem Vorbeiflug im Juli 1965 erhaltenen Marsphotos zeigen einen Berg, der nach der Funkbildauswertung etwa 4000 m hoch sein dürfte; auf diesen Photos zeigen auch einige Kraterränder Reifbelag. (Ein ausführlicher Reisebericht der Marssonde Mariner 4 folgt auf S. 77.) Da die Marsatmosphäre nur Spuren von Wasserdampf aufweist, darf man sich den weißen Belag der Polkappen nicht als einen kompakten Eismantel sondern etwa als Reif vorstellen. Polarisationsmessungen bestätigen diese Ansicht, denn die Polarisation kommt im Vergleich mit irdischen Versuchen verschiedener Substanzen dem von Reif gleich. Auch die im Spektrum der Polkappen gefundenen Infrarot-Banden von Eis sprechen für einen Wasserstoffbelag.

Die als Meere bezeichneten dunklen Gebiete befinden sich, wie es unsere Marskarte, Abb. 32, erkennen läßt, größtenteils auf der südlichen Marshalbkugel. Wir erwähnten bereits, daß es sich

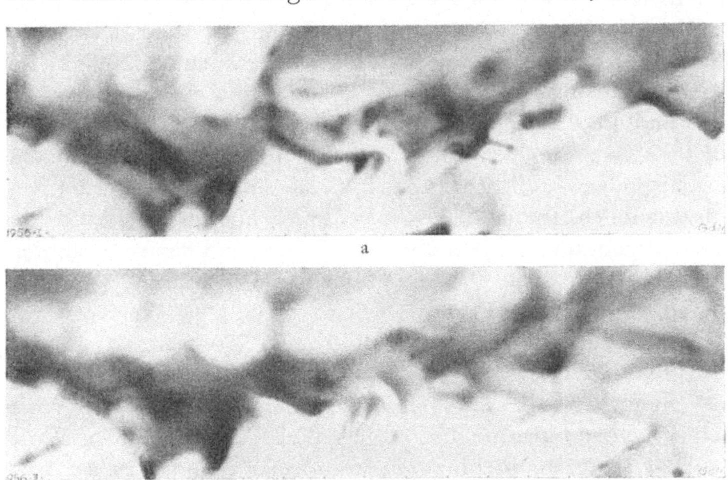

Abb. 32. Marskarten, gezeichnet nach photographischen Beobachtungen des Observatoriums Pic du Midi von G. de Mottoni (Süden oben). Die beiden zwischen August (a) und Oktober (b) 1956 entworfenen Bilder zeigen untereinander auffallende Veränderungen auf. Mit freundlicher Genehmigung von Prof. A. Dollfus, Observatoire de Paris

zumeist um stabile Gebilde handelt, doch kommt es auch vor, daß sich neue Dunkelfelder ausbilden. In gewisser Beziehung aufschlußreich ist die mit den Jahreszeiten einhergehende Farbänderung der sogenannten Meere, die im Sommer dunkelgrün bis blaugrau sind und im Marswinter in graubrauner Tönung verblassen. Aus der Vogelperspektive gesehen, vermag der Vorgang an den ebenfalls mit den Jahreszeiten sich vollziehenden Farbwechsel bei mit Flechtenwuchs bedeckter irdischer Moore, Heiden oder Tundren erinnern. Die hellen Flächen, die rund 70 % der Oberfläche bedecken, sind rötlich gefärbt, und ihre zum Weiß hin beobachteten Farbänderungen zeigen keinen Zusammenhang mit der Jahreszeit. Die Polarisation des von diesen Wüsten zurückgestrahlten Sonnenlichtes deutet darauf hin, daß hier der Marsboden von einer unfruchtbaren pulverisierten Staubschicht bedeckt ist. Vielleicht handelt es sich bei diesem Staubmantel um Eisendioxyd, was seine Rotfärbung erklären würde. Dabei ist der Boden, wie es die Mariner-4-Photos zeigen, von unzähligen Kratern durchsetzt.

Die Marskanäle. Das Jahr 1877 brachte eine der günstigsten Periheloppositionen und zwei aufsehenerregende Ereignisse: Die Entdeckung der Marsmonde Deimos und Phobos durch A. Hall und die Entdeckung der Marskanäle durch G. Schiaparelli. Diese Marskanäle gehören zu den rätselhaften und populären Erscheinungen und gaben immer wieder Anlaß zu phantastischen Spekulationen. Es handelt sich bei ihnen um ein Netzwerk von Linienzügen, die von den dunklen Flächen und den sogenannten Seen (lacus) — auch Oasen genannt — ausgehen und sich über die hellen Gebiete ausbreiten. Schiaparelli hielt sie zuerst für Wasserausläufe und nannte sie Rillen, ein Wort, für das in den romanischen Sprachen Formen wie canal, canaletto oder canale in Gebrauch sind. Hieraus entstand dann das berüchtigte Wort Kanal, bei dem man definitionsgemäß an künstliche Wasserläufe denkt. Dies war tatsächlich die Auffassung vieler Forscher Ausgangs des 19. Jahrhunderts, die in den Kanälen die Werke hochentwickelter Marsbewohner sahen, die mit ihnen die Kontinente bewässerten. Das erste Rätsel, das die Marskanäle aufgaben, war die Tatsache, daß spätere und gewiß kaum weniger geübte Marsbeobachter klipp und klar versicherten: Wir sehen keine Kanäle, die „Kanalmänner“ sind einer optischen Täuschung unterlegen. Zu der sich nun entwickelnden Kontroverse zwischen diesen beiden Gruppen von Astronomen kann man nur sagen: Beide haben recht. Erfahrene Beobachter stimmen darin überein, daß die Sichtbarkeit der Kanäle — um bei diesem ominösen Wort zu bleiben — von der Jahreszeit auf dem Planeten abhängt. Man sieht sie am besten bald nach Frühlingsanfang auf der Südhalbkugel, sie vergehen dann mit Beginn des Sommers und erscheinen unscheinbar im Mars-Herbst und -Winter. Dabei mögen auch noch Staubstürme die Struktur der Gebilde verblassen lassen. Nicht beantwortet ist nach dieser Feststellung die Frage, ob es sich bei den

Kanälen um reelle oder eingebildete Erscheinungen handelt. Eine naheliegende Erklärung des Kanalphänomens geht von der Annahme aus, daß optische Sinnestäuschungen, hervorgerufen durch eine Feinstruktur der Oberfläche, uns das Netzwerk der Kanäle vorgaukeln. W. Ley und W. v. Braun geben hierzu folgendes Beispiel (Abb. 33). Das rechte kleine Bild soll uns zeigen,

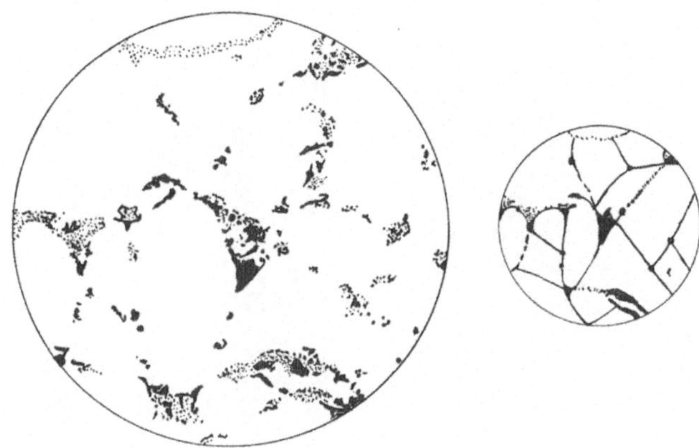

Abb. 33. Kommen die Marskanäle als optische Täuschung zustande? Rechts ein typisches Bild der Marskugel, wie es viele Zeichnungen mit kleineren Fernrohren zeigen. Bei Bildvergrößerungen (links) vermag man Einzelkonturen, zwischen denen das Auge Verbindungen suchte, aufzulösen. Die Marskanäle sind verschwunden. Wenn wir die Augen bis zum Blinzeln schließen, erscheinen sie wieder. (Nach W. Ley und W. von Braun, „The Exploration of Mars", London 1956)

was etwa ein Beobachter mit einem mittelmäßigen Fernrohr sah und zeichnete. Wenn man dagegen eine Marszeichnung mit einem weit größeren Fernrohr anfertigt, würde sein Anblick etwa dem linken an Fläche rund siebenmal größerem Bild entsprechen. Wer das linke Bild bei fast geschlossenem Auge blinzelnd betrachtet, kann sich nicht des Eindruckes entziehen, Kanäle zu sehen. Hierzu ergänzend ist zu bemerken, daß man Kanäle zumeist nur bei mäßigen Sichtverhältnissen sieht, sie verschwinden oft völlig unter hervorragenden Luftverhältnissen. Die französische Schule für Planetenbeobachtung auf der 2885 m hoch gelegenen Station Pic du Midi verfügt über reiche Erfahrung. Von hier stammen die mit dem 60-cm-Refraktor des Observatoriums unter verschiedenen Sichtbedingungen gezeichneten Bilder der gleichen Marsgegend (Abb. 34).

Wie wir mit unseren Abbildungen 33 und 34 zeigten, bilden die Kanäle unter hervorragenden Sichtbedingungen eine Kette von unregelmäßigen Flecken. Was sind das für Gebilde, die ja anscheinend veränderlicher Natur sind? Der Meteorologe F. A. Gifford glaubt sie als Sanddünen deuten zu können, die von den

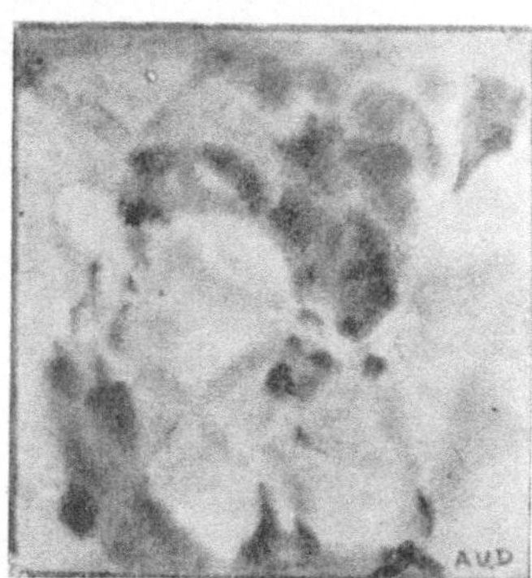

Abb. 34. Mars: Gegend der Syrtis Major. Beobachtet mit dem 60-cm-Refraktor des Observatoriums Pic du Midi von A. Dollfus bei 900facher Vergrößerung. Links: Mittelmäßige Bildqualität; rechts: Ausgezeichnete Bildqualität. (Mit freundlicher Genehmigung von Professor Dollfus)

Stürmen über den Marswüsten aufgehäufelt werden. Luftaufnahmen der Wüste Sahara von Wettersatelliten aus weisen Andeutungen einer ähnlichen Struktur auf, wenn auch auf Mars infolge der geringen atmosphärischen Dichte die Dünen weit breiter aufgetürmt werden können. Demnach wären die Kanäle ein nicht einzig dem Planeten Mars eigenes Phänomen. Schon früher hat man eine ähnliche meteorologische Theorie aufgestellt, wobei es sich allerdings um Ascheablagerungen von tätigen Vulkanen handeln sollte. Jedoch scheint es sehr wenig wahrscheinlich, daß Mars heute aktiv vulkanisch tätig ist, denn die von Mariner 4 gewonnenen Oberflächenphotos zeigen uns eine Kraterlandschaft toter Gebilde, die sicher von außen geformt wurde. (Vgl. Abb. 37 und S. 77.)

Das Marskanalphänomen bleibt dennoch weiterhin rätselhaft, wenn man auch heute allgemein dazu neigt, es mit allen seinen Eigenschaften als ein für die Marstopographie charakteristisches anzusehen. Die Marssonde Mariner 4 konnte keinen Beitrag zur Kanalfrage liefern. Obwohl sie Gebiete aufnahm, in denen man Kanäle vermuten konnte, sind auf diesen Photos keine Spuren von ihnen zu erkennen. Die wünschenswerte Grenze der Auflösung ist heute besonders bei den an die Erde gebundenen Observatorien noch nicht erreicht, daher werden wohl nur Großaufnahmen hohen Auflösungsvermögens bei späteren Umrundungen des Planeten mit Raumsonden das Rätsel lösen können.

Physikalische Bedingungen (Temperatur und Atmosphäre). Wir haben bereits von Staubstürmen gesprochen, die man als in der Marsatmosphäre treibende gelbliche Wolken beobachtete. Man muß sie als meteorologische Erscheinungen ansehen, bei denen die starken Temperaturschwankungen über der Oberfläche eine Rolle spielen. Aus Messungen mit Thermoelementen — wir sprachen darüber bereits S. 53 — fand man in den Jahren 1924 bis 1932 folgende Temperaturverhältnisse auf dem Mars:

	Subsolarpunkt	Rand	Südliche Polkappe
Perihel	+27°C	+7°C	—52°C
Aphel	0°C	—19°C	—72°C

Der Subsolarpunkt ist jener, an dem die Sonne im Zenit des Planeten steht. Zunächst scheint das Klima, vom menschlichen Standpunkt aus betrachtet, jedenfalls mittags einigermaßen angenehm zu sein, doch sinkt die Temperatur mit Anbruch der Nacht beträchtlich, bis auf rund —80° C ab. Dies zeigt die Abb. 35, in der der tägliche Temperaturgang aufgezeichnet ist. Die Extreme sind also beträchtlich; man nimmt jetzt an, daß das Tagesmaximum gut +30° erreicht und in der Polarnacht die Temperatur bis auf unter —100° C fällt. Die vom Marsboden reflektierte Wärmestrahlung, die man durch das irdisch-atmosphärische „Fenster“ im Infrarotspektrum bei Wellenlängen zwischen 8—13 Mikron (1 Mikron = $^1/_{1000}$ mm) mißt, erleidet in der Marsatmosphäre Veränderungen. (Durch Streuung, Absorption oder Reflexion an Wolken.) Aus solchen Messungen kann man sich eine gute Vorstellung über die Atmosphäre und ihren Aufbau verschaffen. So erbrachten derartige Beobachtungen im genannten Wellenlängenbereich z. B. den Nachweis von Kohlendioxyd in der Marsatmosphäre. Es gelang auch 1954, die Temperatur einer gelben Wolke zu messen, sie betrug —25° C, weicht also nicht unerheblich von der wolkenfreier Gebiete ab. Der tägliche Gang der Temperatur in bodennahen Schichten der Luft ist geringer als der in Abb. 35 gezeigte Temperaturverlauf am Boden selbst, während wir hier einen Gradienten von rund 100° beobachten, beträgt er schon unmittelbar über dem Boden nur noch vielleicht 55° C.

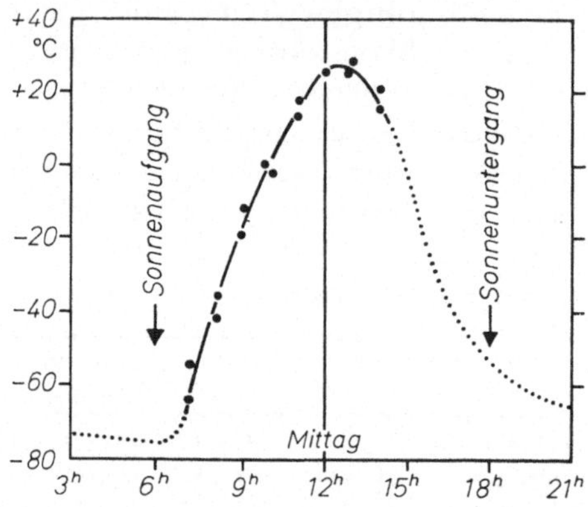

Abb. 35. Täglicher Temperaturgang (Ortszeit) in der Äquatorzone des Mars. (Nach Strahlungsmessungen von W. Sinton und J. Strong)

Die tiefen Nachttemperaturen werden verständlich, wenn man annimmt, daß die Strahlung des erwärmten Bodens nachts rasch durch die von Kohlendioxyd gebildeten Fenster oder Ventile ausfließen kann.

In den letzten Jahren wurden auch zahlreiche Messungen im Bereich der Radiowellen von etwa 3 cm Länge bekannt. Nach diesen liegt die Marstemperatur mit etwa —60° C um etwa 40° niedriger als die aus Infrarotspektralbereichen ermittelte. Der Grund hierfür mag darin gesehen werden, daß die Radiostrahlung aus vielleicht nur wenige Zentimeter unter dem Boden liegender Schicht stammt, die nicht so stark wie der Boden selbst von der Sonne beschienen wird.

Atmosphäre. Die Atmosphäre des Planeten ist dünn, der Luftdruck beträgt am Boden nur etwa 13 mm Quecksilber, ist also, verglichen mit dem irdischen mittleren Luftdruck von 760, weit geringer als auf der Erde. Spektroskopische Studien erbrachten den Nachweis von etwa 2 % Kohlendioxyd in der Atmosphäre. Der Betrag an Wasserdampf ist äußerst gering, konnte aber durch den Belag der Polkappen und auch spektroskopisch ermittelt werden. Daneben ist in dünnen Spuren Argon, vielleicht auch Ozon (?) und Sauerstoff (?) vorhanden. Alle bisher erwähnten Gase machen insgesamt wohl nur rund 4 % der Atmosphäre aus, deren Hauptbestandteil (96 %), wie man meint, aus Stickstoff besteht. (Die irdische Atmosphäre enthält etwa 78 % Stickstoff.)

In der Atmosphäre beobachtete man drei Typen von Wolken, nämlich gelbe, blaue und weiße. Gelbe Wolken treten gewöhnlich in den Periheloppositionen auf; wegen ihrer Färbung, die denen der Wüsten entspricht, und ihrer oft schnellen Bewegung handelt es sich bei ihnen wohl um Staubstürme. Bei der letzten besonders günstigen Periheloppositition des Jahres 1956 war die Oberfläche von einer auffallend gelben Wolke bedeckt, die mehrere Wochen lang fast die ganze Scheibe überzog. Dieser Staubschleier verhinderte zum Teil die Beobachtung einer interessanten atmosphärischen Erscheinung, die man den „blauen Dunst" oder besser die Blaufärbung nennt. Gewöhnlich ist es so, daß im ultravioletten oder blauen Licht erhaltene Photos keine Konturen der Marsoberfläche zeigen. Diese erscheinen erst bei Aufnahmen, die man gegen das gelbe oder rote Spektralgebiet hin macht und treten besonders deutlich auf Infrarotaufnahmen hervor. Dies ist verständlich und hängt mit der zunehmenden Streuung des Lichtes verschiedener Wellenlänge in der Marsatmosphäre zusammen. Doch zu gewissen Zeiten verschwindet die Unklarheit der Blaubilder und man sieht auf den blaugefilterten Aufnahmen die vertrauten Oberflächenerscheinungen. Die Blaufärbung tritt nur einige Tage lang und nicht bei allen Oppositionen auf. Eine Erklärung des Phänomens geht von der Annahme aus, daß Sonnengas in die Marsatmosphäre einfällt und dann nur während der Opposition sehr kurze Zeit lang vom irdischen Magnetfeld gewissermaßen gerichtet oder gesteuert wird. Doch vermag, wie eine auf theoretischen Überlegungen beruhende Berechnung zeigte, das Magnetfeld der Erde höchstens 1—2 Tage lang wirksam zu sein, während die Blaufärbung um die Oppositionszeiten 1—20 Tage lang beobachtet wurde. Nach einer anderen Annahme besteht der sogenannte blaue Dunst aus einem blau absorbierenden Rauch, der in gleichbleibender Dichte sich ständig in der Atmosphäre befindet. Neben diesem „Rauch" liegt noch über dem Boden eine Dunstschicht, die ebenfalls doch über den ganzen Farbbereich hin absorbierend wirkt. Dieser Bodendunst ist in seiner Dichtezusammensetzung veränderlich, so daß es besonders zu Zeiten klarer Durchsicht und bei ruhiger Luftbewegung auf Mars vorkommen kann, daß der Dunst unwirksam wird. Da dann auch seine Blauabsorption verschwindet, kann man bei Blaufilteraufnahmen zuweilen bis zur tiefen Oberfläche „blicken". Denkbar ist es auch, daß die Blaufärbung von Staubpartikeln herrührt, die beim Kreuzen der Marsbahn mit Meteorschwärmen aufgelöster Kometen einfallen. Der Vorgang gleicht etwa dem, den wir auf der Erde beim Auftreten regelmäßiger Sternschnuppenfälle beobachten. Sie treten auf, wenn die Erde die Bahn ehemaliger aufgelöster und jetzt die ganze Bahn mit Staub erfüllter Kometen kreuzt. Eine Analyse, bei der 15 die Marsbahn kreuzende Meteorschwärme in Rechnung gestellt wurden, zeigt in der Tat einen gewissen statistischen Zusammenhang zwischen der Ausdehnung der beobachteten Blaufärbung und der Meteorschaueraktivität. Bei Ultraviolettaufnahmen erscheint die Marsscheibe größer als etwa bei Aufnahmen im Infrarotgebiet. Der Violettdurchmesser des Planeten ist schätzungsweise rund 180 km (2,7 %) größer als der Infrarotdurchmesser.

Weiße Wolken beobachtet man zumeist in den Randgebieten. Es handelt sich bei ihnen um keine bestimmten physikalischen Gebilde, sondern sie erscheinen uns nur sichtbar, weil der allgemeine atmosphärische Dunst auf der Planetenkugel zum Rand hin durch die Verkürzung der Flächen sich scheinbar stärker hervorhebt.

Zirkulation. Über die Strömungsverhältnisse in der Atmosphäre macht man sich folgende Vorstellung: Die in den Äquatorgebieten erwärmte Luft bewirkt eine Drucksteigerung, die in größeren Höhen die Luft in die Polgebiete treibt. Über diesen kalten Zonen sinkt dann der Luftstrom ab und bläst nun als südlicher Äquatorwind wieder zum Äquator hin. Dieser Wind ist nicht nur der Gradientenkraft der Temperatur unterworfen, sondern wird auch durch die Rotationskraft (Corioliskraft) beeinflußt, so daß beide Kräfte dann eine Ost-West-Bewegung der Winde bewirken. In Bodennähe wird der Luftstrom dann zunehmend durch Reibungskräfte gebremst, so daß die primäre Südwestzirkulation größer ist als die der zurückströmenden Nordwestwinde. Die hier beschriebene Zirkulation hängt noch von der Jahreszeit ab. Man nimmt nach theoretischen Erwägungen an, daß die Windgeschwindigkeit im Marssommer nur etwa 1 m/sec beträgt und weit geringer als im Marswinter ist, wo man nach der Theorie mit Windgeschwindigkeiten von 6—10 m/sec rechnet, was etwa der irdischen Windstärke 4—6 entspricht, die man als frischen bis starken Wind bezeichnen kann. Bei Windstärke 4 (fast 7 m/sec) kann leicht Staub aufgewirbelt werden, und die zuweilen auf dem Planeten beobachteten Staubstürme fänden damit ihre Erklärung.

Über die innere Zusammensetzung des Planeten kann man nur Vermutungen anstellen. Bei allen Überlegungen geht recht entscheidend das Verhältnis der Zentrifugalkraft zur Schwerkraft ein, das von der Abplattung des Körpers abhängt. Wir sprachen (S. 65) schon davon, daß die dynamische Abplattung des Mars $^1/_{192}$ beträgt. Demgegenüber fand man optisch den weit größeren Wert von $^1/_{77}$, der allerdings durch Einwirkung der Marsatmosphäre vielleicht streng genommen nicht die wirkliche physikalische Oberfläche des Planeten darstellt. Die optische Abplattung des Mars ist eine Maßgröße, während die dynamische sich auf den gesamten Körper bezieht und von der Dichteverteilung im Kern, dem Mantel und der Kruste abhängt. Beide sind maßgeblich für die theoretisch berechneten Vorstellungen, die man sich von der inneren Struktur des Planeten machen muß. Nach der Theorie darf man annehmen, daß die chemische Zusammensetzung des Mars der unserer Erde gleicht, und daß er ebenso wie diese einen Kern besitzt.

Die Marssonde Mariner 4. Der Flug der Marssonde Mariner 4 wurde durch die bewundernswerte elektronische Steuerung von Bahn und Instrumenten sowie der gesamten Planung ein glänzender Erfolg. Nach gut 7½ Monate dauernder Reisezeit befand sich die Sonde am 14. Juli 1965 in Marsnähe, wobei sie sich dem Planeten bis auf 9170 km näherte. Wir haben diese Phase des Experimentes in der Abb. 36 skizziert. Kurz nach Mitternacht (Weltzeit) erhielt die Kamera von der Erde aus den Befehl, ihre

Tätigkeit aufzunehmen. Zu dieser Zeit befand sich Mariner 4 rund 215 Millionen Kilometer von der Erde entfernt, so daß die Laufzeit des „Befehls“ 12 Minuten betrug. Um 0.19 Uhr schoß die Kamera innerhalb von 25 Minuten aus Entfernungen zwischen rund 17000 bis 12000 km 22 Bilder, von denen die letzten drei, wie man es aus unserer Abb. 36 erkennen kann, ins Leere, nämlich auf die Nachtseite gingen. Die Bilder, deren komplizierte

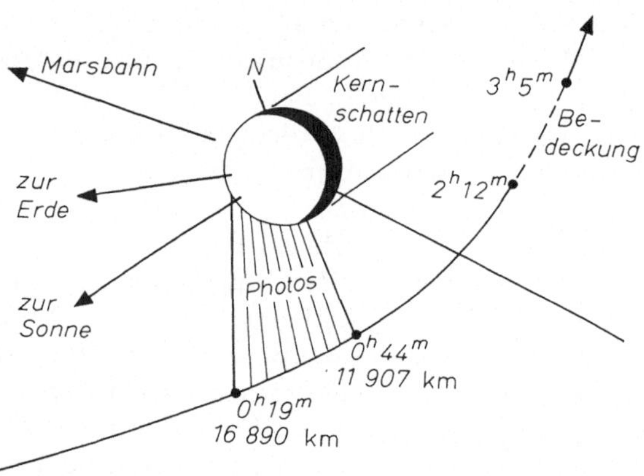

Abb. 36. Mariner 4 fliegt am 14. Juli 1965 an Mars vorbei; gezeichnet nach Bahnüberwachung der Stationen Johannesburg, Madrid und Goldstone

Übermittelung und Auswertung Tage in Anspruch nahmen, brachten eine große Überraschung: Der von Kratern durchsetzte Marsboden gleicht dem des Mondes! Als ein Freund von mir eines der schönsten Marsphotos (Abb. 37) auf meinem Schreibtisch liegen sah — ohne zu wissen, um was es sich handelt —, bedauerte er mich, denn er habe zu Hause viel schönere Photos des Mondes. Die Vorstellung eines fast lieblichen Landschaftsbildes mit dunklen, von Vegetation bedeckten Flächen, von hellen Wüstengebieten, von deren Oasen fruchtbare Streifen (Kanäle) sich ausbreiten, hat einen schweren Schlag erlitten. Jedenfalls will die Kraterlandschaft, die uns die Mariner-Photos zeigen, schlecht zu solchem Vorstellungsbild passen. Danach scheint Mars eine tote Welt wie der Mond und Merkur zu sein. Wir müssen jedoch darauf hinweisen, daß uns die Photos nur einen winzigen Ausschnitt zeigen, denn die 19 gelungenen Aufnahmen bedecken nur etwa 1% der gesamten Marsoberfläche. Immerhin konnte man auf diesem wahrlich noch geringen Material mehr als 70 Krater mit Durchmessern zwischen 4 und 120 km erkennen, und sicher gibt es auf dem Planeten noch größere. Überträgt man den Befund

Abb. 37. Diese von Mariner 4 am 14. Juli 1965 aus einer Entfernung von 12550 km gemachte Nahaufnahme des Mars darf man als eine wissenschaftlich hervorragende und noch nie bisher erreichte Leistung bezeichnen. Die Ähnlichkeit mit dem Antlitz unseres Erdmondes ist verblüffend. Die Bildgröße des zwischen Mare Sirenum und Mare Cimmerium gewonnenen Bildes beträgt etwa 240 × 270 km. Mit freundlicher Genehmigung der Sky Publishing Corporation, Cambridge, Mass. (N oben, W links)

auf die gesamte Marsoberfläche, so ist die Abschätzung, daß Mars an die Zehntausend Krater aufweisen mag, berechtigt. Berge, Bergketten oder Rillen sowie tiefere „Meeresbecken", wie sie die Erde sich formte, scheint es nicht zu geben. Das Antlitz des Planeten wurde durch den Einfall von Asteroiden, deren Schwarm nicht fern von Mars seine Bahn zieht, geformt. Bei diesem Bombardement muß Mars nach statistischen Überlegungen rund 25mal soviel Einschläge erhalten haben als der Mond. Vergleicht man das Antlitz von Mars und Mond und nimmt für das Alter der Mondkrater etwa 5 Billionen Jahre an, so scheint der Schluß erlaubt, daß die Kraterlandschaft des Mars, die uns die Mariner-4-Bilder zeigen, erst vor etwa 300—800 Millionen Jahren entstand. Die Auswertung der Bilder zeigt Erosionserscheinungen, die dafür sprechen, daß die auf dem Planeten beobachteten Dunststürme ihnen zuzuschreiben sind.

Nach Erfüllung der photographischen Aufgabe wurde die Marssonde, von der Erde aus gesehen, um $2.^{12}$ Uhr verdeckt und trat 53^{m} später wieder hervor (Abb. 36). Unmittelbar vor dem Eintritt und nach dem Austritt streiften die Radiosignale der Sonde die Atmosphäre des Planetenkörpers. Aus der während dieser kurzen Zeiten von den Signalen „gemeldeten" Anzahl der freien Elektronen konnte errechnet werden, daß Mars ebenso wie die Erde eine dünne Ionosphäre besitzt, deren stärkste Konzentration etwa 160 km über der Oberfläche liegt. Die Rechnungen lieferten auch einen Wert über den Luftdruck am Marsboden, der in guter Übereinstimmung mit dem auf S. 74 mitgeteilten steht. Der erste Auswertungsbericht von R. Watts schließt mit den Worten: „Das Fehlen eines magnetischen Feldes oder von Strahlungsgürteln auf dem Planeten räumt auf der einen Seite zwar Gefahren beiseite. Doch begünstigt auf der anderen Seite das Fehlen eines magnetischen Marsfeldes und auch die dünne Atmosphäre starken Einfall gefährlicher kosmischer Strahlung. Trotzdem wird es ein Raumfahrer gut 1 Jahr lang auf dem Mars aushalten können, ohne ernsten Schaden zu nehmen."

Organisches Leben. Wenn wir die Ergebnisse der Marsforschung zusammenfassend überblicken, so stellen wir fest, daß Mars mancherlei Ähnlichkeit mit unserer Erde aufweist. Man neigte daher schon lange dazu, auf dem Planeten das Vorhandensein einer Form niedrigen Lebens anzunehmen. Wir wollen versuchen, diese Frage durch folgende Überlegungen und Befunde zu erläutern: Das von den sogenannten Marsmeeren zurückgestrahlte Sonnenlicht gleicht nach spektroskopischen Untersuchungen weitgehend dem Licht, das von Flechten oder Moosen reflektiert wird. Auch auf der Erde findet man Flechten, die unter extremen Temperaturschwankungen, wie man sie auf Mars vorfindet, gedeihen, vor allen Dingen aber zeigen sie auch die auf dem Planeten beobachteten, jahreszeitlich bedingten Farbänderungen. Weiter ist es denkbar, daß in solch niedriger Vegetation Bakterien sich besonders in der trockenen Jahreszeit des Sommers entwickeln können.

Diesen reinen Vermutungen gegenüber zeigten Versuche unter Marsbedingungen, daß Flechten und Moose bereits meist nach 60 Tagen eingingen. (Versuchsklima: Luftdruck 85 mm. Atmosphäre 95,7% Stickstoff, 3% Argon, 0,3% Kohlendioxyd, 1% Feuchtigkeit. Tägliche Temperaturschwankung +25° C bis —60° C.) Mehr Erfolg hatten Versuche mit Bakterien im künstlichen Marsklima; hier hielten einige nicht nur die schrecklichen Versuchsbedingungen aus, sondern wuchsen und vermehrten sich. Bei diesen Versuchen handelte es sich natürlich um irdische Organismen, man könnte sich denken, daß solche auf dem Mars sich dem dortigen Klima akklimatisiert haben und entwicklungsfähiger sind.

Recht interessant ist die Vermutung, daß eine Wüste unseres Erdglobus, die man noch zu den weißen Flecken unserer Landkarten rechnen kann, gewisse Ähnlichkeit mit dem Marsboden aufweist. Es ist das Dschang-Thang-Hochland (auch Schreibweise Chang Tang) im nördlichen Tibet. Dieser wüste Landstrich liegt um die 5000 m hoch und ist noch von weit höheren Bergen umgeben. Nach Berichten von Sven Hedin, der in kühnen Einzelreisen das Felsgebiet als erster durchzog, findet man dort nur spärliche Vegetation vor. Der tägliche Temperaturgang im Dschang-Thang-Gebiet ist beträchtlich, wenn er auch nicht den Temperaturgradienten des Mars erreicht. Durch diesen täglichen Temperaturgradienten bildet sich eine lebhafte Luftströmung aus, die bald nach Mittag enorme Aufwinde entstehen läßt. Schließlich gibt es über dieser tibetanischen Wüste infolge des Mangels an Wasserdampf praktisch keine Niederschläge, und die Aufwinde bewirken nur in großen Höhen die Bildung von Eiskristallwolken. Die Beschreibung dieser eigenartigen Wüste kann in der Tat dem Raumfahrer ein gewisses Vorstellungsbild von dem geben, was ihn auf dem Mars erwartet. Allerdings mit der wesentlichen Einschränkung, daß er einmal den Marsboden unter weit niedrigerem Druck betritt, und daß, wie wir jetzt wissen, die Landschaft von Kratern durchfurcht und weit trostloser ist, als man bisher glaubte.

Die Marsmonde Deimos und Phobos

> „Jener sprachs: Und die Rosse gebot er dem Deimos und Phobos anzuschirren und zog hellstrahlendes Waffengeschmeid an.
>
> Ilias 15. Gesang 120

Der Gesang schildert den Rachezug des Ares, der mit seinen Mannen Deimos (Furcht) und Phobos (Schrecken) Zeus zu trotzen versucht. Als man den amerikanischen Astronomen A. Hall, der im August 1877 die Marsmonde entdeckte, einmal fragte, warum er Nacht um Nacht nach Marsmonden suche, soll er gesagt haben: „Weil ich in der Literatur gelesen habe, daß Mars keine Monde besitzt." Nun, das stimmt nicht, denn Schriftsteller haben bereits Jahrzehnte vor ihrer Entdeckung von Marsmonden gesprochen. So erreichen in einer utopischen Geschichte von Voltair Kosmonauten den Mars und entdecken dort zwei Monde. Später schreibt im Jahre 1726 Jonathan Swift in Gullivers Reisen folgenden, nahezu unglaublich klingenden Bericht:

> „Sie (die Leute auf der schwebenden Insel Laputa) bringen ihr Leben größtenteils mit der Beobachtung der Himmelskörper zu, wobei sie sich weit besserer Ferngläser bedienen, als wir sie besitzen. — Durch diese Vorteile konnten sie ihre Entdeckungen viel weiter als unsere europäischen Astronomen ausdehnen. Denn sie zählen gegen zehntausend Sterne, während unsere bisher kaum den dritten Teil feststellen konnten. Sie haben auch zwei Trabanten des Mars entdeckt, von welchen der innere den Hauptstern in einer Entfernung von drei, der äußere von fünf Durchmessern umkreist. Jener vollendet seinen Umlauf in 10, dieser in 21½ Stunden, so daß die Quadrate ihres periodischen Umlaufs sich beinahe wie die Kuben ihrer Entfernungen vom Mittelpunkt des Mars verhalten."

Die Geschichte klingt deswegen so rätselhaft, weil hier Aussagen über die Entfernungs- und Bewegungsverhältnisse der kuriosen Marsmonde Phobos und Deimos gemacht werden, die auf den ersten Blick den wahren Verhältnissen einigermaßen nahezukommen scheinen. Macht man sich aber ein Bild von dem wirklichen Marssystem und vergleicht es mit Swifts Angaben, dann zeigt sich doch ein recht weiter Unterschied. Eine solche Gegenüberstellung haben wir mit der Abb. 38 entworfen, wo links die wirklichen Verhältnisse und rechts die Mondenwelt der Leute von Laputa gezeichnet ist. Beide Darstellungen sind maßstabgerecht, und der Durchmesser der schwarzen Marsscheibe entspricht einer Strecke von 6800 km. Um die Unterschiede der Umlaufszeiten aufzuzeigen, wollen wir uns vorstellen, daß beide Monde in den beiden Gegenüberstellungen zugleich von der gezogenen Verbindungslinie ihre Umläufe beginnen. Wenn Phobos einen Umlauf von 360° vollendet hat, ist Deimos erst

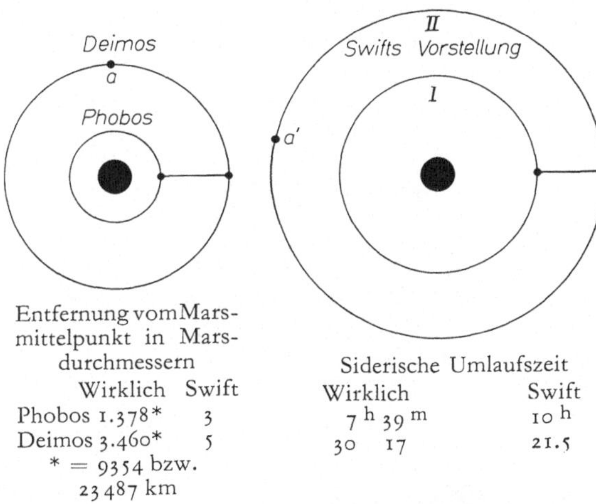

Abb. 38. Die Welt der Marsmonde. Links die wirklichen Verhältnisse; rechts Swifts utopische Monde. Wenn Phobos oder Swift I einen Umlauf vollendet hat, ist Deimos oder Swift II bis zum Punkt a bzw. a' gelangt

nach a, also um 91° vorangekommen. Wenn dagegen der innere Mond bei Swift einmal den Hauptkörper umkreist hat, hat der äußere fast einen halben Umlauf bis nach a' hinter sich gebracht.

Die Bewegungsverhältnisse der kuriosen Marsmonde würden einem auf dem Planeten gelandeten Astronauten äußerst verwunderlich erscheinen, selbst wenn er sich vorher darüber unterrichtet hätte, wie wir es mit der Abb. 39 nun tun wollen. Wir schauen bei dieser Abbildung von oben auf den Pol des Planeten, der von einer Eiskappe umgeben ist, und wollen annehmen, daß sich der Beobachter bei Anbruch der Marsnacht, etwa um 18 Uhr Marszeit, in der Stellung 1 befindet. Phobos steht dann hoch zu seinen Häupten als Halbmond. Obwohl der Mond nur rund

6000 km über der Marsoberfläche und zwar fast genau in der Äquatorebene seine Bahn zieht, erscheint er dem Beobachter fast viermal so klein wie wir den Erdmond sehen, weil sein Durchmesser nach allerdings unsicheren Abschätzungen nur etwa 16 km

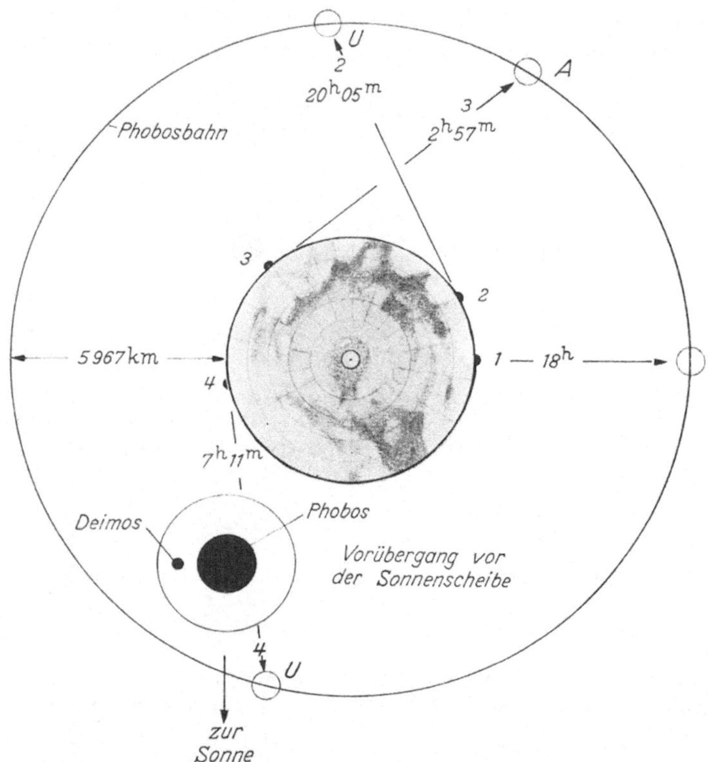

Abb. 39. Die Bewegungsverhältnisse des Marsmondes Phobos. A = Aufgang, U = Untergang. Die Mondscheibe ist stark überzeichnet, sonst ist das Bild maßstabgerecht

beträgt. Phobos zieht mit einer Umlaufszeit von nur $7^h\ 39^m$ so rasch unter den Sternen einher, daß man ihn förmlich wandern sieht. Bereits in 57 Minuten hat er das halbe Himmelsgewölbe durcheilt, wobei seine Phase ständig zunimmt. Natürlich hat sich inzwischen auch der Marsbeobachter, allerdings langsam, weiterbewegt, denn die Rotationszeit des Planeten beträgt ja nur $24^h\,37^m$. Wenn z. B. der Marsbeobachter nach 2 Stunden 5 Minuten um $20.^{05}$ Uhr in die Stellung 2 gerückt ist, geht Phobos kurz nach Vollmond in der eingezeichneten Stellung *U* unter. (Natürlich dreht sich dabei auch die nach einer Darstellung der Pic-du-Midi-Beobachter skizzierte Oberfläche mit dem am Äquator befindlichen Marsbeobachter mit, was man nicht darstellen, aber sich leicht denken kann.) Der den Marsbewohner so schnell überrundende Phobos geht dabei im Osten unter und später im Westen auf. Nun zieht Phobos in einem 328° umspannenden Bogen unsichtbar auf der Nachtseite einher, um bereits nach 6 Stunden und 52 Minuten, also um $2.^{57}$ Uhr bald in Vollmondphase bei *A* aufzugehen. Der Marsbeobachter ist inzwischen nach 3 gewandert. Bereits 4¼ Stunden später geht Phobos um $7.^{11}$ Uhr als zunehmende schmale Sichel wieder unter. Der Beobachtungsplatz auf dem Marsäquator, von dem aus man den Untergang sehen kann, liegt dann bei 4.

Etwa 30 Minuten vorher war, wie man es aus unserer Abb. 39 ersehen kann, Neumond, und es wäre dabei durchaus möglich gewesen, daß der Beobachter den Mond hätte nahezu über die Sonnenscheibe eilen sehen, wie wir es in unserer Nebendarstellung maßstabgerecht gezeichnet haben. Der Marsbesucher sieht die Sonne kleiner, als sie uns etwa von der Erde aus erscheint, nämlich als Scheibe von 21′ statt 32 Bogenminuten. Der Vorübergang vor der Sonnenscheibe dauert weniger als ½ Minute. Unser Nebenbild zeigt auch den zweiten Marsmond Deimos auf der Sonnenscheibe, er hat vermutlich einen Durchmesser von 9 Kilometer, da er sich jedoch in einer Entfernung von rund 20000 Kilometern über der Marsoberfläche bewegt, erscheint er den Marsbeobachtern sehr klein, sie können ihn mit bloßem Auge jedenfalls nicht als scheibenförmiges Objekt erkennen. Um eine Vorstellung von den Größen der Marsmonde zu erhalten, haben wir sie in der Abb. 40 in den Bodensee gelegt; Phobos füllt etwa das Städtedreieck Konstanz-Überlingen-Radolfzell aus und Deimos könnte bequem im See schwimmen. Wenn wir Phobos als Schnelläufer am nächtlichen Marshimmel kennen lernten, so ist Deimos dagegen als rechter Bummler zu bezeichnen. Der Unterschied zwischen der Rotationszeit des Planeten ($24^h\,37^m$) und der Umlaufszeit von Deimos ($30^h\,17^m$) ist ja nicht groß, so kommt es, daß

Deimos täglich (Marstage) vom Mars aus betrachtet um rund $2^3/_4{}^0$ zurückbleibt. Erst nach 132 Tagen, wenn die Marskugel mit dem Beobachter sich 5 $^1/_3$ mal um ihre Achse drehte, ist Deimos um einen Umlauf von 360° zurückgeblieben. Das heißt mit anderen Worten: Deimos geht z. B. alle 5 Tage im Osten auf und wechselt zwischen den aufeinanderfolgenden Aufgängen viermal seine Phase.

Beide Monde dienten, wie wir schon ausführten, durch ihre Attraktionswirkung zur Ableitung der Marsmasse, andererseits

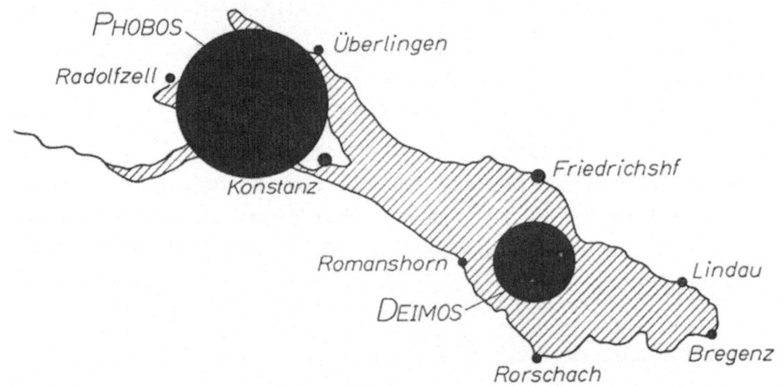

Abb. 40. Die Größen der Marsmonde im Vergleich zum Bodensee

bewirkt der Äquatorwulst des Planeten auch Veränderungen der Bahnlagen der Monde. Zweifellos ist Phobos ein einzigartig merkwürdiger Mond, als reichlich phantastisch aber muß man die von einem sowjetischen Astronomen vor einigen Jahren ausgesprochene hypothetische Vermutung bezeichnen, daß es sich bei ihm um einen künstlichen Satelliten handeln könne. Die Annahme ging von einem noch nicht restlos geklärten Bahnphänomen aus. Die Bahngeschwindigkeit von Phobos nimmt nämlich anscheinend ständig zu, so daß er in spiralförmigen Bahnen im Laufe von vielen Millionen Jahren einmal auf dem Mars aufschlagen müßte. Eine solche langsame stetige Zunahme könnte durch Staub in der hohen Exosphäre des Planeten bewirkt werden, der, wie die Erfahrung bei künstlichen Erdsatelliten zeigte, die Körper in tiefere Bahnen zwingt. Man hat theoretische Modelle berechnet, die dafür sprechen, daß die Dichte der Marsexosphäre in 6000 km Höhe (die Bahnhöhe des Mondes über der Marsoberfläche) 10^{-16} g/cm³ (zehntausend Billionstel) beträgt. Die theoretischen Überlegungen sprechen weiter dafür, daß selbst diese dünne Atmosphäre genügen würde, um einen Körper von 16 km querdurch abzubremsen, was dann zur beobachteten Geschwindigkeitszunahme führen muß. Aus dynamischen Erwägungen kann diese, die Bahn des Phobos beeinflussende Exosphäre nicht höher als etwa 17000 km sein, es kann daher Mond Deimos, der 20000 km über der Marsoberfläche kreist, nicht betroffen werden, und das bestätigt auch die Beobachtung. Eine andere, vielleicht verständlichere Hypothese geht von der Annahme aus, daß die zwischen Mars und Phobos wirksamen Gezeitenkräfte die Beschleunigung verursachen könnten. Durch den Unterschied zwischen der Umlaufszeit des Mondes Phobos und der Rotationszeit des Planeten könnte der Gezeitenwulst auf der Rückseite des Mondes zurückbleiben und damit ein Anwachsen der Winkelgeschwindigkeit der Bahn bewirkt werden.

Der Beschleunigungseffekt, von dem hier die Rede war, wurde erst 1945 gefunden. Die Zeit von gut zwei Jahrzehnten, die seither vergangen ist, reicht noch nicht aus, um den Befund als gesichert zu betrachten. Das Problem kann daher erst einer sicheren Lösung zugeführt werden, wenn weitere Beobachtungen vorliegen, vor allen Dingen aber die Erforschung mit Raumsonden uns genauere Kenntnisse über die Dimensionen und Massen der Körper erbringt. Die kühne, aber höchst unwahrscheinliche Hypothese, wonach es sich bei Phobos um einen künstlichen Mond handeln könne, widerspricht allen sich von Jahr zu Jahr mehrenden Erkenntnissen über den Planeten und seine Monde. Sie hat nur die so beliebten Spekulationen über die Marsbewohner wieder einmal angefacht.

VI. Kleine Planeten

Die Titius-Bodesche Reihe. Die Entdeckung des Schwarms kleinster Planeten, die im Raum zwischen Mars und Jupiter ihre Kreise ziehen, hat eine denkwürdige Vorgeschichte. Im Jahre 1766 studierte der in Wittenberg lehrende Professor J. D. Titius die damals schon recht genau bekannten Entfernungen der Planeten von der Sonne und stieß dabei auf eine merkwürdige Beziehung. Ehe wir darauf zu sprechen kommen, sei zunächst folgendes bemerkt: Es ist üblich, daß man die Entfernungen im Sonnensystem statt in Millionen oder Milliarden Kilometern durch die sogenannte astronomische Einheitsentfernung (*AE*) ausdrückt. (Vgl. Tabelle 2, S. 19.) Diese Einheitsentfernung entspricht der mittleren Entfernung Erde—Sonne (149,56 Millionen Kilometer) und wird

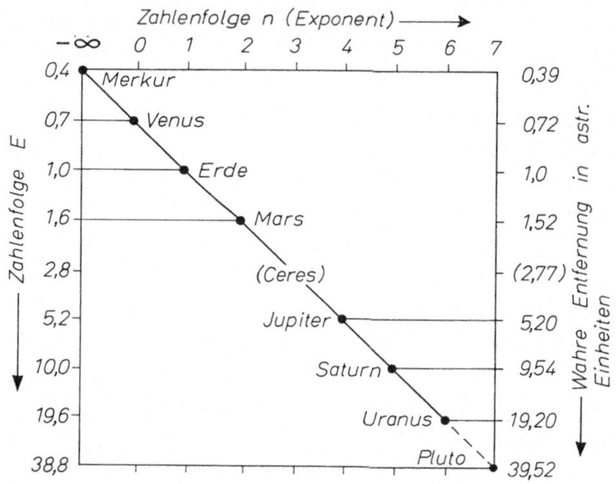

Abb. 41. Eine graphische Darstellung der Titius-Bodeschen Reihe

gleich 1,0 gesetzt. Titius entdeckte nun folgende Beziehung: Wenn man zu den Zahlen 0; 0,3; 0,6; 1,2; 2,4 usf. (die Folge verdoppelt sich also laufend) die Zahl 0,4 addiert, so entsteht die Zahlenfolge 0,4; 0,7; 1,0; 1,6; 2,8 usf., die in unserer bildlichen Darstellung der Titius-Bodeschen Reihe (Abb. 41) als linke Ordinate bis zur Zahl 38,8 in jeweils gleichen Abständen fortgesetzt ist (Zahlenfolge *E*). Gibt man nun den Planeten, beginnend mit Merkur, die Kennziffern $n = -\infty$, 0, 1, 2 usf. und stellt sie mit diesen Kennziffern n und der Zahlenfolge *E* gegeneinander dar, so ergibt sich die in unserer Abbildung gezeigte Linie. Das verblüffende an dieser dargestellten Exponentialfunktion (sie läßt sich durch die Formel $E = 0{,}4 + 0{,}3 \cdot 2^n$ ausdrücken) ist ihr erstaunlich genauer Zusammenhang mit den wahren Entfernungen der Planeten von der Sonne. Wir haben diese in astronomischen Einheiten (AE) rechts zum Vergleich aufgeführt. Wir erkennen, daß sich Neptun mit einer wahren Entfernung von 30,09 AE nicht in die Reihe fügt, dagegen ungefähr Pluto seine Stelle einnimmt. Weiter fällt auf, daß für $E = 2{,}8$ ein Planet fehlt. Doch ehe wir auf diese Lücke zu sprechen kommen, sei auf folgendes Ereignis hingewiesen: Am 13. März 1781 entdeckte W. Herschel den Planeten Uranus. Als es sich zeigte, daß der neu entdeckte Planet gut in die Titius-Bodesche Reihe* paßte, wurde das Interesse sofort erneut auf die Lücke zwischen Mars und Jupiter gelenkt, die schon Kepler aufgefallen war.

Die Entdeckung der Ceres. Im Jahre 1796 fand in Gotha ein astronomischer Kongreß statt, an dem auch „das edle Fürstenpaar" teilnahm. Aus Frankreich erschien Lalande und stellte den Antrag, in gemeinsamer Zusammenarbeit alle Anstrengungen zu unternehmen, um den im Raum zwischen Mars und Jupiter vermuteten Planeten zu entdecken, da ja solche Aufgabe von einem einzelnen nicht gelöst werden könne. Später bildete sich dann unter Leitung der Astronomen Schröter und v. Zach im Jahre 1800 eine Arbeitsgemeinschaft, die, wie ein Teilnehmer es ausdrückte, sich der Aufgabe unterzog, „eine Nähnadel in einem Heuhaufen aufzufinden". Man beschloß, abgegrenzte Zonen um die Ekliptik, in der der Planet vermutet werden konnte, unter 24 Astronomen zu verteilen, um damit eine erfolgreiche Jagd auf den Planeten mit der Titiusschen Kennziffer 2,8 einzuleiten. Kaum war man auseinandergegangen, gab es eine große Überraschung. Herr Piazzi in Palermo, den man auf der Tagung als Planetenjäger eingeteilt hatte, entdeckte, bevor ihn die Aufforderung der Gesellschaft überhaupt erreicht hatte, am Neujahrstag des Jahres 1801, ein — wie es ihm schien — diffuses Objekt. Da es seinen Ort unter den Sternen veränderte, mußte es ein Wandelstern (Planet oder Komet) sein. Damit war der gesuchte Planet, der den Namen Ceres erhielt, entdeckt worden, aber er drohte verlorenzugehen. Denn ehe Piazzi die nötigen Beobachtungen zur Identifizierung der Ceresbahn sammeln oder von seinen Kollegen Beobachtungs-

* Die Reihe wird zumeist Titius-Bodesche Reihe genannt, doch kommt Bode nur das Verdienst zu, im Jahre 1772 nochmals auf die merkwürdige Beziehung hingeweisen zu haben.

hilfe erbitten konnte, erkrankte der Entdecker ernstlich. Als er, wieder genesen, seine Beobachtungen aufnehmen wollte, hatte sich das Objekt durch Annäherung an die Sonne der Beobachtung entzogen. Dem mathematischen Genie des jungen Gauß in Göttingen war es zu danken, daß Ceres nach seinem Wiedererscheinen ohne Mühe wiedergefunden werden konnte. Gauß hatte nämlich eine elegante Methode ersonnen, die Bahn eines Planeten zu bestimmen, wenn nur mindestens 3 Positionsbestimmungen vorlagen. Jetzt lag nun ein Fall vor, bei dem sich die Gaußsche Methode bewähren konnte. Meisterhaft löste Gauß die Aufgabe, aus den ihm zur Verfügung stehenden Beobachtungen Piazzis die Positionen am Himmel zu berechnen, an denen Ceres nach seinem Austritt aus den Sonnenstrahlen wiedergefunden werden konnte. Nahezu am vorausberechneten Ort fand Olbers in Bremen am 1. Januar 1802, also genau ein Jahr später, den verlorengegangenen Wanderer auf Grund der Gaußschen Ephemeride wieder auf.

Kritik an der Titius-Bodeschen Reihe. Doch blicken wir nochmals auf die Reihe des Titius zurück, deren Lücke bei der Zahl 2,8 ja letzten Endes zur Entdeckung eines Planeten im Raum zwischen Mars und Jupiter geführt hatte. Als der Planet bereits entdeckt, doch die Nachricht von seiner Entdeckung noch nicht nach Deutschland gedrungen war, eröffnete der junge Philosoph Hegel in seiner Dissertationsschrift „De orbitis planetarum" (Jena, 1801) einen geharnischten Angriff gegen die Astronomen. Weil sie (die Astronomen), so schrieb etwa Hegel, zufällig auf etwas Gesetzmäßiges stoßen, schicken sie sich an, in der angeblichen Lücke zwischen Mars und Jupiter nach einem Planeten zu suchen. Hegel kam aus philosophischen Überlegungen zu dem Schluß, daß es in der Lücke keinen Planeten geben könne, ja, daß ihre Zahl überhaupt auf sieben beschränkt sei. Nun, die Astronomen seiner Zeit sparten nicht mit bissigem Spott, ja man nannte Hegels Arbeit ein Denkmal der Dummheit. Gauß schrieb an einen Freund, daß Hegels Irrsinn in seiner Dissertation noch Weisheit gegen seine späteren Aussprüche seien.

Wir müssen insofern Hegel Gerechtigkeit erweisen, weil er klar erkannte, daß die Titiussche Reihe keine Gesetzmäßigkeit darstellt. Denn dieser rein empirischen Reihe, die sich durch eine Exponentialfunktion ausdrücken läßt, liegen durch die Wahl von

Konstante und Exponent, der ja bei der Entfernung Erde — Sonne = 1 sein muß, Voraussetzungen zugrunde, die sich ja sozusagen als Gerüst der Wirklichkeit anpassen mußten. Als Gesetz entbehrt die Reihe wissenschaftlicher Grundlage, sie muß mit ihren „Treffern" als Zufallsergebnis bezeichnet werden. Betrachten wir z. B. die Werte der Titius-Bodeschen Reihe (Abb. 41), so erkennen wir, daß Neptun sich nicht einfügen will, dagegen Pluto, dem eigentlich die Zahl $E = 77{,}2$ zukommt, ungefähr Neptuns Platz einnimmt.

Die Planetenjäger. Kaum war geklärt worden, daß der neu entdeckte Himmelskörper als Planet zwischen Mars und Jupiter seine Bahn zog, gab es eine neue Überraschung. In rascher Folge brachten die nächsten Jahre die Entdeckung von drei weiteren Planeten. In Bremen fand im März 1802 Olbers den Kleinen Planeten Pallas. Im Jahre 1804 wurde auf der Sternwarte Lilienthal bei Bremen von Harding die Juno entdeckt, und schließlich gelang es wiederum Olbers, einen vierten Kleinen Planeten, die Vesta, aufzufinden. Olbers stellte als erster die Hypothese auf, daß die vier Asteroiden — wie man sie damals nannte — wegen ihrer ähnlichen Bahnformen von einem zertrümmerten Planeten stammen könnten. Mit Weitblick vertrat er die Ansicht, daß es noch viele Asteroiden geben mag. Olbers hat noch jahrelang — allerdings ohne Erfolg — den Himmel nach ihnen durchgemustert, erlebte es aber nicht mehr, daß seine Prophezeiung sich bald in ungeahnter Weise bestätigen sollte. Fast vier Jahrhunderte vergingen, ehe nach Bearbeitung immer bessere Sternkarten im Jahre 1845 eine neue Epoche, man darf sie die der „Planetenjäger" nennen, begann.

Man hatte schon daran gezweifelt, daß es überhaupt mehr als vier Asteroiden gäbe, da meldete der Postmeister Hencke aus Driesen in der Neumark, daß er nach 20jähriger Suche am 8. Dez. 1845 einen fünften Kleinen Planeten, den man Astraea nannte, entdeckt habe. Zwei Jahre später glückte dem Postmeister die Entdeckung eines 6. Planeten (Hebe) und damit war der Bann gebrochen. Jahr um Jahr mehrten sich die Meldungen von der Entdeckung neuer Asteroiden, die man nun meist auch Planetoiden nannte. Die Jagd auf die Planetoiden erfolgte zunächst visuell mit dem Fernrohr, das man auf Himmelsfelder richtete, die sich um die Ekliptik (scheinbare Sonnenbahn) gruppierten, weil hier die Bahn der meisten Körper vermutet werden konnte. Wichtig, ja ausschlaggebend für den Erfolg war der Besitz guter Sternkarten, die sich laufend

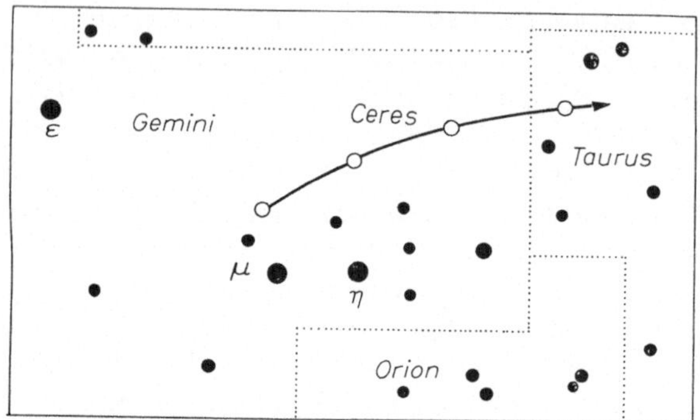

Abb. 42. Die scheinbare Bahn der Ceres im Sternbild Zwillinge und Stier von 10 zu 10 Tagen. (30. Nov. bis 30. Dez. 1966; Opposition: 22. Dez.)

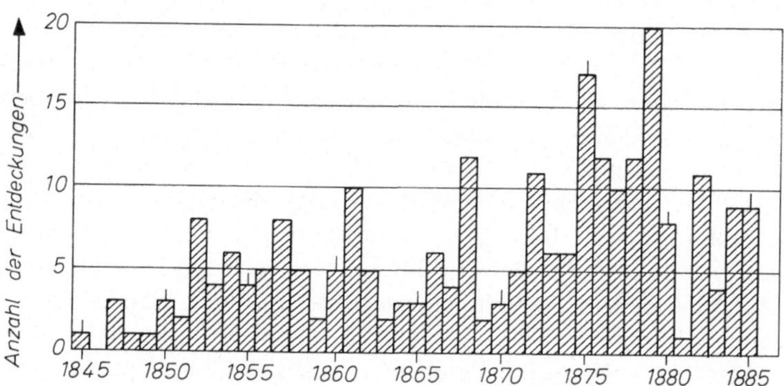

Abb. 43. Anzahl der Planetenentdeckungen seit 1845. In dem 40 Jahre umfassenden Zeitraum wurden 249 Planetoiden entdeckt

vermehrten oder von den Planetensuchern selbst gefertigt wurden. Da die Kleinen Planeten wie Sternpunkte aussahen, war ihre Identifizierung nur dadurch möglich, daß sie sich durch ihre meist sehr langsame Bewegung unter den Sternen von einer Nacht zur anderen verrieten. Nur Geduld, viel Übung und gute Kenntnis der Sternörter in dem Suchfeld konnte Erfolg bringen. Die Abb. 42

zeigt uns z. B. das Bewegungsfeld der Ceres unter den Sternen von 10 zu 10 Tagen (1. Nov. bis 30. Dez. 1966). Wie man sieht, läuft der Planet in einem Monat ein beachtliches Stück unter den Sternen. Selbst in 24 Stunden beträgt seine Wanderung etwa $1/4°$, was immerhin einem halben Monddurchmesser entspricht.

Seit Mitte des 19. Jahrhunderts widmeten sich viele Astronomen oft fast ausschließlich der Planetensuche, und bis zum Ende des Jahrhunderts waren bereits 463 Planetoiden entdeckt (vgl. Abb. 43).

Die photographische Suche. Eine entscheidende Wende trat ein, als nach Einführung der Himmelsphotographie Max Wolf im Jahre 1891 zur weit ergiebigeren und bequemen photographischen Suche überging. Bei genügend langer Belichtung der Sternfelder zeichneten nun die unter den Sternen wandernden Planetoiden auf der Platte ihre Spur auf. Die Zahl der Neuentdeckungen stieg nun rapide an und erreichte bis heute etwa zwischen 6000 und 7000. Bei einer systematischen photographischen Durchmusterung des Himmels mit der lichtstarken 122-cm-Schmidt-Kamera des Mt.-Palomar-Observatoriums, konnte man auf einer Aufnahme 2000 Kleine Planeten auffinden, wobei sich nur rund 20 dieser Objekte als bekannte Planetoiden erwiesen. Das in der Zone der Ekliptik gelegene Himmelsareal war keineswegs besonders groß, es entsprach mit etwa 216 Quadratgrad nur der Flächengröße, die ein kleines Sternbild, etwa von der Größe der nördlichen Krone, bedeckt. Die Auswertung einer solchen Aufnahme nimmt Jahre in Anspruch.

Wir gaben die Zahl der bis heute entdeckten Planetoiden mit über 6000 an. Es ist verständlich, daß bei der Fülle der gelegentlichen Entdeckungen sich unter ihnen auch sozusagen viele „Eintagsfliegen“ befinden, die den Astronomen verloren gehen. Und weiter macht die Vielzahl der Entdeckungen es unmöglich, von allen diesen Kleinstkörpern die Bahnelemente zu berechnen. Immerhin konnte bis heute die Bahnform, die im wesentlichen durch Lage im Raum, Umlaufszeit und Entfernung von der Sonne sowie die Exzentrizität der Bahnellipse gekennzeichnet ist, von mehr als 1700 Kleiner Planeten bestimmt werden. Ihre Zahl nimmt ständig zu. Natürlich hat man sich auch Gedanken darüber gemacht, wieviel Planetoiden es wirklich geben möge. Wenn man ihre Gesamtzahl mit etwa 40000 abschätzt, so umfaßt diese Zahl ‚‚nur‘

alle Objekte, die in ihrer Erdnähe (Opposition) die 19. Größe erreichen.

Räumliche Verteilung — Planetenfamilien. Die Verteilung der Kleinen Planeten im Raum zwischen Mars und Jupiter zeigt merkwürdige Unregelmäßigkeiten, die durch ausgesprochene An-

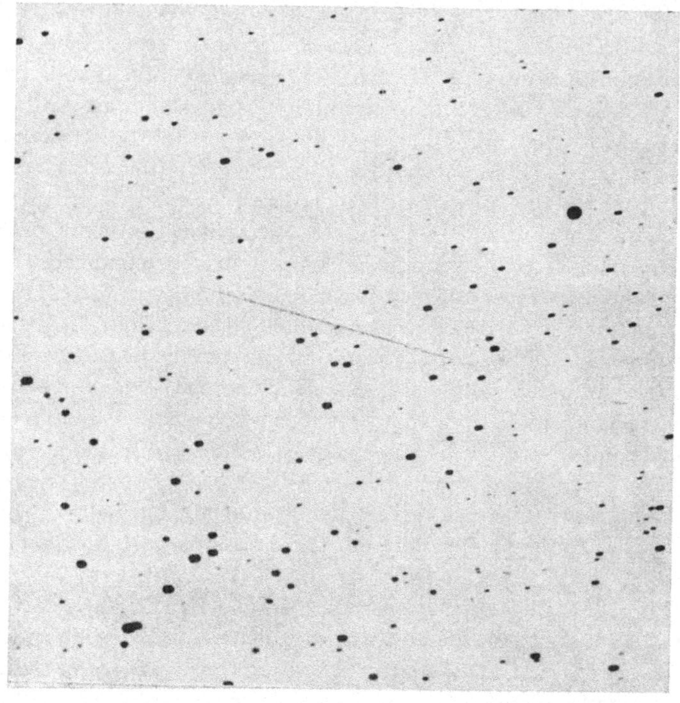

Abb. 44. Strichspur des Kleinen Planeten Hermes. Aufnahme K. Reinmuth, Landessternwarte Heidelberg Königsstuhl. (Aus Bildstreifen „Sterne und Weltraum im Bild“, Taschenbuch 3, Mannheim 1964)

häufungen oder Lücken gekennzeichnet ist. Nach der neuesten Statistik von D. Brouwer ist diese Verteilung in Abb. 45 aufgezeichnet; und zwar spiegelbildlich, um die Darstellung recht übersichtlich hervortreten zu lassen. Das Diagramm zeigt uns die Anzahl der Planetoiden in Abhängigkeit von ihrem mittleren Umlauf, der hier (in der Skala rechts) durch die mittlere tägliche Bewegung in Bogensekunden ausgedrückt ist*. (In Klammern finden wir die Umlaufszeit in Jahren.) Die Skala links gibt uns einen Überblick über die mittlere Entfernung der Kleinen Planeten von der Sonne (halbe große Achse der Bahn) in astronomischen Einheiten. Bei der Betrachtung dieses Bildes drängt sich einem der Eindruck auf, als sei ein rauhborstiger Besen einmal über den ganzen Raum gefegt und hätte die kleinen Körper zu Haufen gekehrt, wodurch dann die Lücken entstanden. Wir werden sehen, daß dieser Vergleich zwar weit herbeigeholt ist, aber eben als Vergleich diese merkwürdige Verteilung der Planetoiden verständlich machen kann. Betrachten wir zunächst die Lücken. Jupiter hat, wie es unsere Darstellung zeigt, eine mittlere tägliche Bewegung von 300 Bogensekunden. Nun finden wir, daß die auffallendsten Lücken in den Gebieten bei 600″ und 900″ liegen. Das entspricht also dem doppelten und dreifachen Wert von 300, und das sind mit anderen Worten die Raumgebiete, die $\frac{1}{2}$ bzw. $\frac{1}{3}$ des Jupiterumlaufes entsprechen. Weitere Lücken (offene Pfeile) zeigen sich an Stellen, die $^{3}/_{7}$ oder $^{2}/_{5}$ eines Jupiterumlaufes betragen. Auf der anderen Seite fällt zunächst auf, daß Jupiter anscheinend eine Planetenfamilie um sich geschart hat, die man die Trojaner nennt. (Wir kommen auf diese überaus interessante Familie der Trojaner noch zu sprechen.) Dann folgt, eingebettet in einen leeren Raum, bei $^{2}/_{3}$ der Jupiterkreisung die Hilda-Gruppe**. Schließlich haben wir einige der bekanntesten Planetenfamilien, von denen die Themis-Familie die meisten Vertreter aufweist, durch starke volle Pfeile kenntlich gemacht.

Diese hier im Bild wiedergegebene Statistik der Bahnverhältnisse zeigt — besonders bei den Lücken —, daß Jupiter, der Riese unter den Planeten, stark auf die Verteilung des Schwarms der Planetoiden einwirkt. Da die Lücken in einfachen ganzzahligen Verhältnissen zur Umlaufszeit des Jupiters stehen, spricht man von Kommensurabilitäten (d. h. im gleichen Maße meß- oder darstellbar). Die störende Kraft der Einwirkung des großen Planeten

* Jupiter z. B. vollendet einen mittleren Umlauf von 360° in 4332 Tagen (= 11,86 Jahre). Seine tägliche Bewegung beträgt also 360°:4332 = 300 Sekunden.

** Man nennt die Gruppen — oder wie sie offiziell heißen die Planetenfamilien — meist nach einem früh entdeckten Vertreter. Hilda wurde z. B. 1875 von Palisa in Pola entdeckt.

macht sich auch dadurch bemerkbar, daß um das Jupiterperihel weit mehr Planetoiden anzutreffen sind als im entgegengesetzten Punkt seiner Bahn (Aphel).

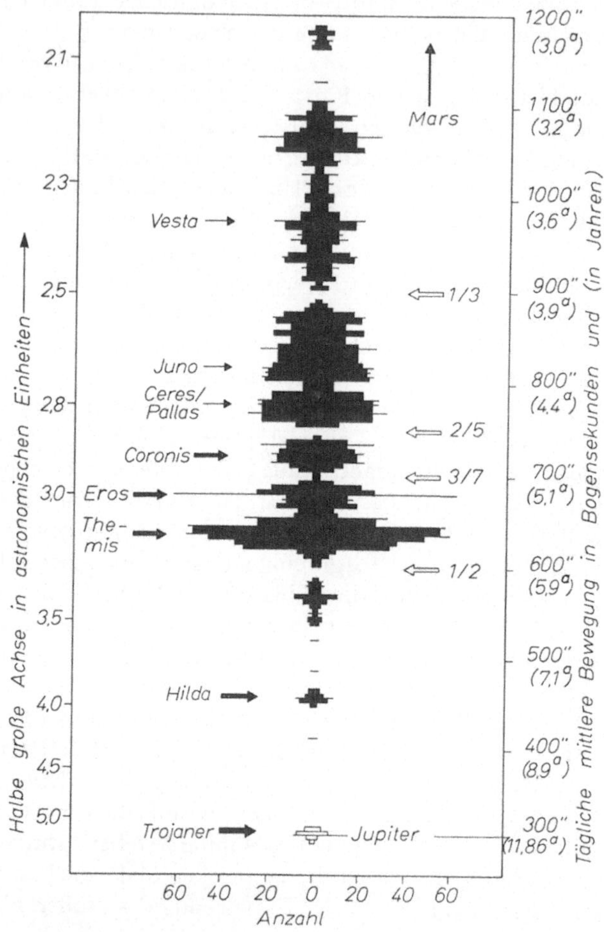

Abb. 45. Der Einfluß Jupiters auf die Verteilung der Planetoiden (Kommensurabilitäten, Planetenfamilien). Linke Ordinaten: Entfernungen von der Sonne (halbe große Achsen der Bahnen). Rechte Ordinate: Tägliche mittlere Bewegung in Bogensekunden und Jahren. Die spiegelbildliche Darstellung betont die Häufungen und Lücken. (Nach D. Brouwer, Astron. J. 1963, April)

Die Trojanerfamilie. In seiner „Mécanique Analytique“ (1788) behandelte Lagrange einen lösbaren Spezialfall des Dreikörperproblems, das ja ganz allgemein nur näherungsweise gelöst werden kann. Für das System Sonne — Jupiter und dritter (massekleiner) Körper läßt sich der Fall so darstellen: Steht ein Kleinstkörper (oder auch mehrere) in der Ecke eines gleichseitigen Dreiecks, dessen andere Ecken durch Sonne und Jupiter gebildet werden, so wird er ohne Einwirkung von Störungen ständig an diesem Ort bleiben, wenn nur die Anfangsgeschwindigkeit passend gewählt wurde. Die Mathematiker waren nicht weniger als die Astronomen erstaunt, als sich im Jahre 1908 herausstellte, daß im Planetensystem ein Beispiel dieses theoretischen Spezialfalles des Dreikörpersystems existierte. In diesem Jahr wurde von M. Wolf in Heidelberg der Kleine Planet Achilles entdeckt, der in der Jupiterbahn nahe einem der sogenannten Lagrangeschen Librationspunkte stand und periodisch um das Librationszentrum im Gleichgewicht der Kräfte oszillierte. Heute sind 17 Planeten dieser Familie bekannt, die fast gleich an Zahl verteilt auf den Lagrangeschen Gleichgewichtspunkten der Jupiterbahn kreisen. Soweit sie benannt sind, tragen die Mitglieder dieser Planetenfamilie, die Umlaufszeiten zwischen 11,3 und 12,1 Jahre haben (Umlaufszeit des Jupiters = 11,86 Jahre), Heldennamen aus dem Trojanischen Krieg.

Neben den Jupiterfamilien der Asteroiden hat K. Hirayama Familien gefunden, die, wie man heute annimmt, „Splitterreste“ sind, die vom Zusammenstoß ehemaliger größerer Mutterplanetoiden herrühren. Diese sogenannten Hirayama-Familien fand man besonders häufig in den inneren Teilen des Asteroidengürtels, also in der Nähe der Marsbahn.

Unser Schaubild von der Verteilung der Planetoiden (Abb. 45) soll noch durch die nachfolgende Tabelle 3 ergänzt werden, die auszugsweise weitere Daten einer Anzahl Kleiner Planeten verzeichnet.

Ein Blick auf die Spalte Durchmesser unserer Tabelle zeigt, daß die vier zuerst entdeckten Planetoiden die größten sind, wenn auch Juno vielleicht noch von Nr. 10 (Hygeia) und Nr. 16 (Pschyche) übertroffen wird. Nur bei den vier ersten Planetoiden, deren Größenverhältnisse anschaulich in Abb. 46 im Vergleich mit irdischen Flächengrößen gezeigt wird, konnten die Durchmesser wirklich gemessen werden. Die Durchmesser aller anderen Planetoiden kann man nur der Größenordnung nach abschätzen. So ist es nicht verwunderlich, daß verschiedene Bestimmungen, die wir in der Tabelle aufführten, vielfach stärkere Abweichungen gegeneinander

Tabelle 3. *Bahnelemente und physikalische Daten einiger Kleiner Planeten*

Nr.	Planet	Entdeckt	Durchmesser (km)	Helligkeit in Opposition (m)	Periode des Lichtwechsels (Std.)	Siderischer Umlauf (Jahre)	Halbe große Achse (*AE*)	Exentrizität (*e*)
1	Ceres	1801	768	7,4	9,1	4,60	2,77	0,080
2	Pallas	1802	492	8,0	10,1	4,61	2,77	0,239
3	Juno	1804	204	8,7	7,2	4,36	2,67	0,257
4	Vesta	1807	392	6,5	10,6	3,63	2,36	0,089
5	Astraea	1845	80/162/180	9,9	16,8	4,13	2,58	0,186
6	Hebe	1847	113/170/227	7,0	7,3	3,77	2,42	0,202
7	Iris	1847	126/150/245	6,7	7,1	3,69	2,39	0,231
8	Flora	1847	90/126/189	7,8	13,6	3,27	2,20	0,157
9	Metis	1848	126/214/253	8,1	5,1	3,69	2,39	0,123
10	Hygeia	1849	357	9,5	18 ?	5,60	3,15	0,100
11	Parthenope	1850	121/173	9,3	10,7	3,84	2,45	0,101
12	Victoria	1850	60/151	8,1		3,57	2,33	0,219
14	Irene	1851	160/204	9,7	11 ?	4,16	2,59	0,164
15	Eunomia	1851	235/308	7,4	6,1	4,30	2,64	0,187
16	Pschyche	1852	289/322	9,6	4,3	4,99	2,92	0,139
20	Massalia	1852	106/180/214	8,2	8,1	3,74	2,41	0,143
192	Nausicaa	1879	76/146/194	7,5		3,72	2,40	0,245
433	Eros	1898	18—25	7,2	5,3	1,76	1,46	0,223
944	Hidalgo	1920	35—43	11,0		13,7	5,71	0,65
1221	Amor	1932	~ 1	16,0		2,77	1,97	0,45
HA	Apollo	1932	1	17,0		1,81	1,49	0,57
	Adonis	1936	~ 1	19,0		2,76	1,97	0,78
	Hermes	1937	1	18,0		1,47	1,29	0,47
1566	Ikarus	1949	1—2	12,6		1,12	1,08	0,83

aufweisen. Seit 1930 hat man keine Körper mehr gefunden, deren abschätzbarer Durchmesser größer als etwa 40 km sein dürfte. Durchmesser von der Größenordnung kleiner als 3 km beruhen auf recht roher statistischer Schätzung. Man darf es als sicher betrachten, daß darüber hinaus der Raum zwischen Mars und Jupiter mit Kleinstkörpern von Felsbrocken bis zu Staub gefüllt ist.

Die Abschätzung geht von folgenden Überlegungen aus: Photometrische Messungen der vier großen Planetoiden haben gezeigt, daß das Rückstrahlungsvermögen (Albedo, s. S. 26) bei allen Planetoiden gering ist und etwa zwischen dem der verhältnismäßig dunklen Körper Merkur und Mars liegt. Nimmt man nun an,

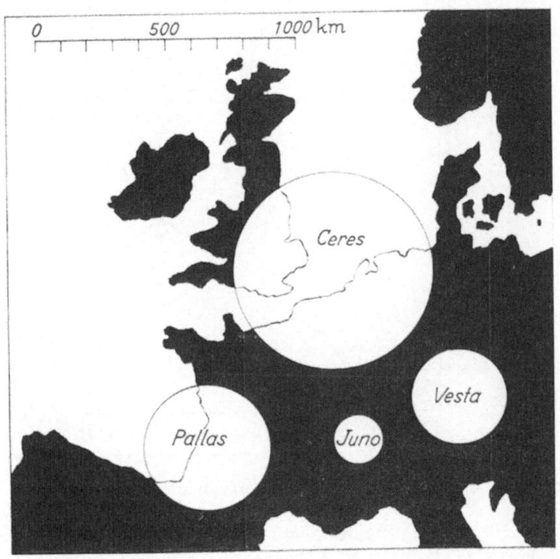

Abb. 46. Die Größenverhältnisse der vier großen Planetoiden

daß ein solcher Mittelwert des Reflexionsvermögens für alle Asteroiden gilt, so kann man mit einem solchen Wert aus den bekannten Bahnen der Kleinen Planeten und ihrer ebenfalls bekannten absoluten Größe die Durchmesser der einzelnen Körper berechnen*.

Aus neueren Untersuchungen über die Verteilung der absoluten Helligkeiten der Kleinen Planeten fand G. P. Kuiper interessante Zusammenhänge. Wie es unsere Abb. 47 aufzeigt, nimmt die Anzahl der Planetoiden in den drei in der Abbildung angegebenen

* Absolute Helligkeit (oder Größe) eines Planeten ist diejenige, die der vollbeleuchtete Planet in der astronomischen Einheitsentfernung $AE = 1$ von der Sonne und Erde hätte. Sie läßt sich bei bekannten Bahnelementen aus der beobachteten scheinbaren Helligkeit berechnen. Zwischen absoluter Größe und Durchmesser besteht eine (logarithmische) Beziehung.

Entfernungsbereichen mit zunehmender absoluter Größe (oder mit abnehmender Körpergröße) ständig zu. Doch zeigt sich etwa bei der absoluten Größe $g = 9$ eine besonders im inneren und mittleren Gürtel des Asteroidenringes stärker hervortretende „Abschwenkung“. Erst bei den kleinsten Körpern (etwa ab $g = 14$) geht der Anstieg dann normal weiter. Kuiper meint, daß an diesen

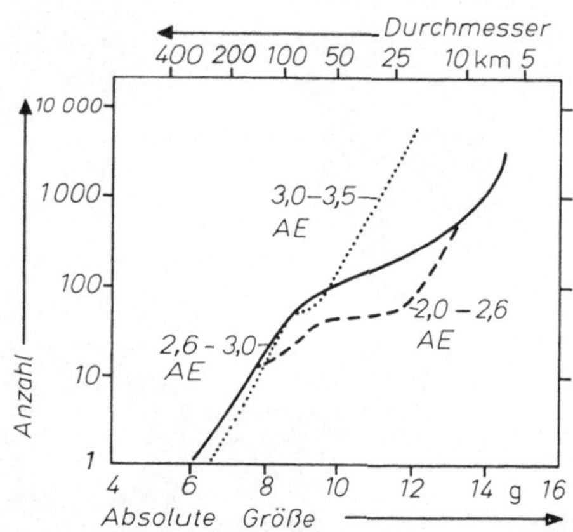

Abb. 47. Statistische Beziehungen zwischen absoluter Größe bzw. Durchmesser der Planetoiden und ihren Anzahlen im Raum zwischen Mars und Jupiter. Mittlere Entfernungen: Mars = 1,52, Jupiter = 5,20 Astr. Einheiten. (Nach G. P. Kuiper, Astrophys. J. Suppl. 3, 1958)

Knickstellen die Planetoiden vielleicht durch zwei Klassen charakterisiert werden können: Die eine besteht aus den ursprünglichen Kondensationsprodukten, während es sich bei der anderen um Trümmer handelt, die von Zusammenstößen herrühren und Bestandteil der bereits erwähnten Hirayama-Familien bilden.

Die Masse der Planetoiden. Bei der Bestimmung der Gesamtmasse der Kleinen Planeten stößt man auf Schwierigkeiten. Man darf jedoch annehmen, daß die Planetoiden in ihrer Gesamtheit einen gewissen Einfluß auf die Perihelbewegung des Mars ausüben. Von einer solchen Voraussetzung ausgehend, versuchte man aus der Perihelbewegung des Mars den Anteil abzuschätzen, der auf Einwirkung der Planetoidenmasse zurückgeht. Leider sind unsere Kenntnisse über die Theorie der Marsbewegung noch recht mangelhaft, und so dürften die sich hierauf stützenden Abschätzungen recht ungenau sein. Vielleicht beträgt die Masse der bekannten Kleinen Planeten knapp $^1/_{1000}$ der Erdmasse und ihre Gesamtmasse dann möglicherweise $^1/_{10}$ der Erdmasse. Es sind recht unsichere Angaben, die aber doch für kosmogonische Betrachtungen, die Fragen der Himmelsmechanik betreffen, dem Forscher einen Anhaltswert geben.

Die physikalische Erforschung. Die physikalische Erforschung der Planetoiden, die sich im wesentlichen mit der Untersuchung des uns von diesen Körpern zugestrahlten Lichtes be-

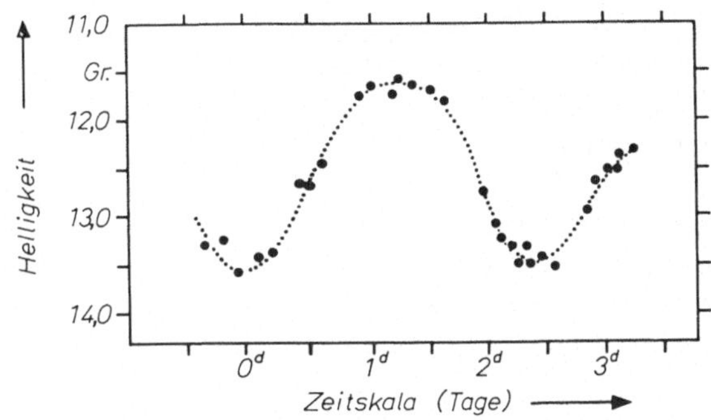

Abb. 48. Der Lichtwechsel des Kleinen Planeten Eros (1952 Februar) nach Beobachtungen von M. Bayer, Astr. Nachr. 281, 1952

schäftigt, bringt uns mancherlei aufschlußreiche Erkenntnisse. Wir sprachen bereits davon, daß die Photometrie ein wichtiges Hilfsmittel bei der Abschätzung der Durchmesser der Planetoiden bildet. Photometrische Studien führten weiter zu der Erkenntnis, daß die Planetoiden wohl alle rotieren. Die Rotation läßt sich dabei etwa aus einem periodisch sich wiederholenden Lichtwechsel erkennen. Doch sind die beobachteten Lichtschwankungen zumeist recht gering und konnten nur mit empfindlichen photoelektrischen Photometern festgestellt werden. Wenn wir einen Blick auf unsere Tabelle 3 werfen, sieht man, daß die Periode des Lichtwechsels im Mittel rund 9½ Stunden beträgt. Der Lichtwechsel kann zustande kommen, wenn etwa Oberflächengebiete des rotierenden Körpers verschiedenes Reflexionsvermögen aufweisen. Dabei braucht es sich keineswegs bei einem Planetoiden um eine Kugel zu handeln, denn auch etwa ein trudelnder Felsbrocken kann durch seine unregelmäßige Gestalt einen Lichtwechsel hervorbringen. Ein Beispiel hierfür bietet der sich recht wechselhaft abspielende Lichtwechsel des Planeten Eros, den wir nach Beobachtungen von M. Beyer in Abb. 48 dargestellt haben. Eros hat die Gestalt einer etwa 22 km langen Zigarre, die um ihren Mittelpunkt in etwa 5 1/4 Stunden rotiert. Blicken wir von der Erde aus auf die Längsseite der „Eroszigarre", so erscheint uns der Planet natürlich weit heller als wenn wir etwa nur seine Spitze zu Gesicht bekommen.

Polarisationsmessungen. Bei der physikalischen Erforschung der Oberflächen der Planetoiden spielt auch der Anteil des von diesen Himmelskörpern ausgehenden polarisierten Lichtes eine Rolle. Beim natürlichen Licht haben wir es mit einem Vorgang zu tun, bei dem die Schwingungsebene, die senkrecht zur Fortpflanzungsbewegung des Lichtes steht, sich fortlaufend sehr schnell ändert, so daß in kürzester Zeit das Licht gleich häufig in allen Ebenen schwingt. Bei der Polarisation handelt es sich um einen Strahlungsvorgang, bei dem das sich fortpflanzende Licht in einer einzigen Ebene schwingt. Die Schwingung erfolgt also so, wie man sie an einem senkrecht hängenden Seil durch periodische Hin- und Herbewegung seines oberen Endes in einer horizontalen Linie erzeugen kann. Die Messung des polarisierten Lichtes des von den Himmelskörpern des Planetensystems reflektierten Lichtes ermöglicht es uns, Zustand und Struktur ihrer Oberflächen zu erforschen. Es ist bewundernswert, daß es mit speziellen photographischen Polarimetern gelungen ist, von einigen dieser winzigen Planetoiden, die alle keine Atmosphäre besitzen, Aufschlüsse über die Beschaffenheit ihrer Flächenstruktur zu erhalten. Man halte sich dabei vor Augen, daß ja diese Kleinstkörper unseres Planetensystems selbst in der Opposition sich in den meisten Fällen der Erde nur auf Entfernungen nähern, die der Größenordnung nach zwischen 60 und 100 Millionen Kilometer betragen. Über die Ergebnisse dieser Polarisationsmessungen sei kurz folgendes berichtet:

Die Polarisation ist z. B. bei Vesta geringer als die unseres Erdmondes; sie liegt, verglichen mit irdischen Substanzen, zwischen der des Mondes und einem Kreideboden. Bei Ceres wies die Polarisation unregelmäßige Schwankungen auf, die dadurch erklärt werden können, daß der Planet — je nach seiner Stellung zur

Erde — Gebiete verschiedenen Polarisationsvermögens aufweist; Sandstein und geborstene Lava zeigen ähnliche Polarisation. Beim Kleinen Planeten Iris ähnelt die Polarisation der des Mondes (Lavaboden). Die Polarisationskurve weist dabei Schwankungen auf, die parallel zur Lichtänderung verlaufen. Der Lichtwechsel kommt also hier durch unregelmäßige Beschaffenheit der Oberfläche zustande.

Da die Planeten nur geborgtes Sonnenlicht reflektieren, sollte man annehmen, daß dieses Licht auch der gelben Farbe der Sonne entspricht. Durch Messungen in verschiedenen Farbbereichen kann man sich ein Bild von der Farbe der Gestirne machen. In der astronomischen Farbphotometrie nennt man dabei den Unterschied zwischen der photographischen und der visuellen Helligkeit (Empfindlichkeitsbereich des menschlichen Auges) den Farbenindex. Für eine große Anzahl von Planetoiden hat man nun derartige Farbenindizes abgeleitet, wobei sich zeigte, daß ihr Mittelwert zwar etwa der Farbe der Sonne entspricht, daß sie aber über einen weiten Raum streuen. Es gibt sowohl Planetoiden, deren Licht blauer ist als das ihnen zugestrahlte Sonnenlicht, während auf der anderen Seite das von manchen Kleinen Planeten reflektierte Licht rötliche Farbe aufweist. Der Befund spricht dafür, daß die Oberflächenstruktur und Färbung bei einzelnen Planetoiden verschieden sein muß. Dies geht auch daraus hervor, daß einige Objekte in verschiedenen Oppositionen unterschiedlich gefärbtes Licht rückstrahlen.

Die Bahnen einiger Kleiner Planeten. Auf S. 17 haben wir näher erläutert, daß die Form einer Planetenbahn durch ihre Exzentrizität charakterisiert wird. In unserer Tabelle 3, S. 98 haben wir die Exzentrizitäten (e) einiger weniger Planetoiden aufgeführt, die uns natürlich kein vollständiges Bild zu unserer Frage über die Bahnformen zu geben vermögen. Betrachten wir diese Werte (aber zunächst nur bis zur Lücke), so geben sie fast einen repräsentativen Querschnitt. Nahezu kreisförmige Bahnen, wie sie etwa Venus ($e = 0{,}007$), Erde ($e = 0{,}017$) und Neptun ($e = 0{,}009$) haben, finden wir bei keinem der Kleinen Planeten. Die Mehrzahl hat Exzentrizitäten zwischen 0,08 und 0,25 (Mars 0,093, Pluto 0,249). Bei etwa 9 % ist die Exzentrizität größer als 0,25.

Nun gibt es aber auch einige Planetoiden mit außergewöhnlichen Bahnformen, die über die Jupiterbahn, in der die Trojaner kreisen, hinausgehen oder auf der anderen Seite die Mars- und Erdbahn kreuzen, ja sogar in die Bahnen von Venus und Merkur tauchen. Es sind dies Objekte, die in fast kometengleichen Bahnen mit sehr großer Exzentrizität kreisen. Unsere Liste in der Tabelle 3,

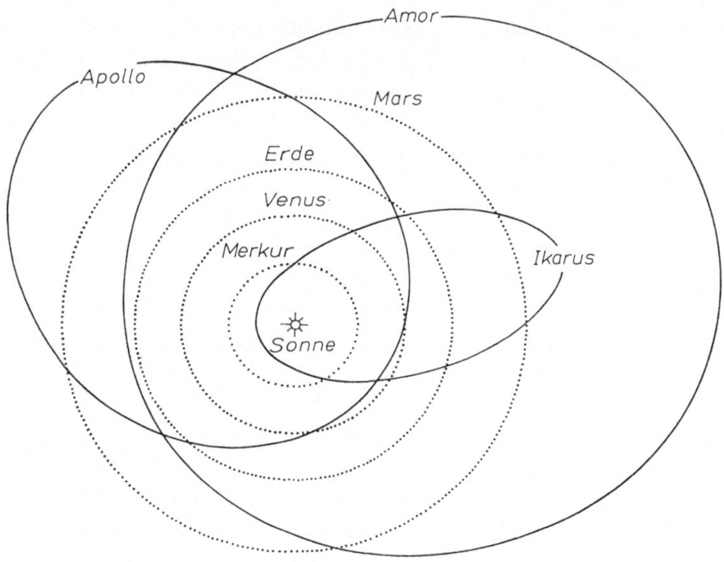

Abb. 49. Bahnen Kleiner Planeten mit hoher Exzentrizität, die bis in die Merkur- und Venusbahn tauchen

S. 98, führt sechs besonders interessante Planetoiden mit Exzentrizitäten zwischen 0,45 und 0,83 auf. Die außergewöhnlichen Bahnen von Amor, Apollo und Ikarus sind in der Abb. 49 dargestellt. Amor mit einer halben großen Achse von fast zwei astronomischen Einheiten kann infolge seiner großen Exzentrizität (0,45) sich der Erde bis auf 16 Millionen Kilometer nähern. Apollo ist in Sonnennähe 12 Millionen Kilometer innerhalb der Venusbahn, während er im Aphel (Sonnenferne) fast 100 Millionen Kilometer von der Marsbahn entfernt kreist. Ikarus, den man erst für einen Kometen hielt, ist der Planetoid mit der kleinsten bekannten Periheldistanz (Sonnennähe = 28 Millionen Kilometer). Er zieht innerhalb der Merkurbahn und kann diesem Planeten so nahe kommen, daß sich dann gute Möglichkeit zur Bestimmung der Masse des Merkur bietet. Der Erde kann sich Ikarus auf 6—7 Millionen Kilometer nähern. Erwähnt sei dann noch Adonis, der infolge seiner Exzentrizität (0,78) sich fast der Merkurbahn nähert. Hermes, von dem wir in unserer Abb. 44 eine Strichspuraufnahme zeigen, war bei seiner Entdeckung nur rund 800000 km von der Erde entfernt; noch nie wurde eine derartige Erdannäherung bei einem Planeten beobachtet. Schließlich sei noch von einem anderen Extremfall berichtet, der den Planetoiden Hidalgo betrifft. Dieser Kleine Planet, der sich in Sonnennähe zwischen Mars und Jupiter bewegt, berührt in Sonnenferne fast die Bahn des Saturn.

Von den der Erde nahe kommenden Planetoiden verdient noch Eros besonders erwähnt zu werden. In günstigsten Fällen kann er der Erde bis auf 22 Millionen Kilometer nahe kommen. Eros erlangte zur Bestimmung der astronomischen Einheitsentfernung in seiner Opposition 1930/31 große Bedeutung. Da der Planet praktisch punktförmig erscheint, erhielt man eine große Anzahl guter Positionen und konnte daraus seine Entfernung recht genau bestimmen. In Verbindung mit dem 3. Keplerschen Gesetz (s. S. 16), das die Beziehung zwischen den Umlaufszeiten und den Entfernungen zweier Planeten behandelt, erhielt man recht genau für die astronomische Einheitsentfernung den Wert $AE = 149{,}662$ Millionen Kilometer. Heute stehen zur Bestimmung dieser fundamentalen Größe sehr genaue Radarmessungen zur Verfügung, so daß die auf astrometrischen Messungen beruhende Methode, mit Hilfe erdnaher Planetoiden die Einheitsentfernung zu bestimmen, in den Hintergrund getreten ist. Sie gewinnt bestimmt wieder Bedeutung, wenn Radarmethoden auch bei den Kleinen Planeten zur Anwendung kommen, weil ja im Gegensatz zu den großen Planeten diese keine Atmosphäre besitzen. (Bei der Beobachtung von Radarechos der Venus z. B. wirkt sich die schwer abzuschätzende Eindringtiefe in die Atmosphäre als — wenn auch geringer — Unsicherheitsfaktor aus.)

Der Ursprung der Planetoiden. Bei der Frage nach dem Ursprung des Schwarms der Kleinen Planeten sind wir auf Spekulationen angewiesen. Naheliegend — und schon von Olbers vermutet — ist die Annahme, daß es sich um Bruchstücke eines in

Tausende von Stücke zerborstenen Planeten handelt. Man hat sogar schon diesem durchaus hypothetischen Mutterplaneten den Namen „Phaeton“ gegeben, seinen Radius auf 3000 km und seine Masse auf $^1/_{15}$ der Erdmasse abgeschätzt. Gegen diese Hypothese spricht zunächst, daß sich aus dem räumlichen Verteilungsbild der jetzigen Kleinstkörper keine rechte Spur eines „Explosionsherdes“ finden läßt. Nun braucht es natürlich keine einmalige Katastrophe gewesen zu sein, sondern es können ja auch nacheinander mehrere Explosionen stattgefunden haben. In Hinblick auf solche Spekulationen wurde die Aufmerksamkeit auf die schon erwähnten Hirayama-Familien gelenkt, von denen man annahm, daß sie durch explosiven Zerfall einzelner Mutterasteroiden entstanden seien. Das schien zunächst ein gewisses Indiz für die Hypothese explosiver Zersplitterung zu sein. Dem steht jedoch entgegen, daß man heute die Ansicht vertritt, es handele sich bei den Trümmern, die die Hirayama-Familien bilden, nicht um Explosiv- sondern um Kollisionsfragmente.

Bei der oben behandelten Hypothese des Zerfalls bilden die Planetoiden insofern einen Sonderfall, weil die allgemeine Entstehung der Körper des Sonnensystems dabei nicht angesprochen ist. Man kann das Vorhandensein von Kleinstkörpern, wie sie heute im Raum zwischen Mars und Jupiter kreisen, auch kurz so deuten: Der ursprüngliche Nebel (Plasma) kondensierte zunächst Planetesimals, also planetenähnliche Körper, die sich dann später zu größeren Körpern zusammenballten. Aber dieser Prozeß setzte sich und konnte sich nicht ständig fortsetzen, so daß auch nicht alle Materie sich zu großen Planeten vereinigen konnte. H. Alfvén hat die Frage diskutiert, welcher der beiden hier skizzierten Hypothesen der Vorzug zu geben ist. Er spricht sich aus folgenden Gründen für die letzte aus: Man kennt heute die Rotationszeiten von 34 Kleinen Planeten, und aus 27 zuverlässigen Bestimmungen ergibt sich, daß diese zwischen $2{,}9^h$ und $16{,}8^h$ rotieren (Mittelwert = 8 ¼ Stunde). Demgegenüber schwanken ihre Größen und Massen sowie ihre Bahnformen in sehr weiten Grenzen, so daß die relative Konstanz ihrer Rotationszeiten bemerkenswert ist. In Abb. 50 haben wir sowohl für die Asteroiden als auch für die Planeten ihre Massen gegenüber den Rotationszeiten dargestellt. Man erkennt, daß trotz der gewaltigen Unterschiede der Massen der Körper des Sonnensystems die Rotationszeiten der Größenordnung nach über das ganze Bild weg wenig Unterschied aufweisen. Dies, so meint Alfvén, spricht dafür, daß alle Körper (Planeten und Asteroiden) bei ihrer Bildung der gleichen Entwicklung unterlagen und ihren Rotationseffekt erhielten, als sie sich durch Kondensation der interplanetarischen Materie bildeten.

Schließlich sei noch eine neuere Hypothese erwähnt, die nicht nur den Ursprung der Planetoiden, sondern zugleich auch den

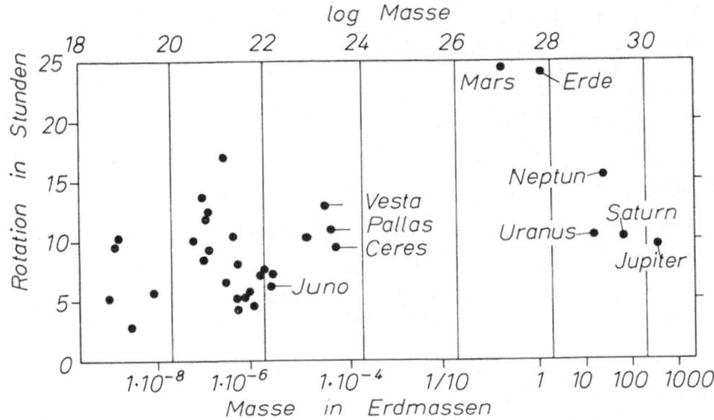

Abb. 50. Die durch die Massen ausgedrückten Größenverhältnisse der Planetoiden und Planeten schwanken in weiten Grenzen. Demgegenüber weisen die Rotationszeiten nur einen geringen Spielraum auf. (Nach H. Alfvén), „Icarus" 3, No. 1, 1964

der Kometen und Meteore auf die Explosion eines Planeten etwa von Erdgröße zurückführt. Dabei verloren die Planetoiden, wenn sie im Perihel der Sonne nahe kamen, ihren Gasanteil, so daß sie heute keine Schweifbildung zeigen können. Bei dieser Hypothese kommt der Zusammenhang zwischen Asteroiden und Meteoren zur Sprache, dem man wohl tatsächlich eine gewisse Gültigkeit nicht absprechen kann. Vielleicht entstanden demnach die Meteore laufend mehr oder weniger durch Zusammenprall im Gürtel der Asteroiden (jedenfalls hauptsächlich die Eisenmeteore). Ein Beispiel eines gewaltigen Meteorniederganges aus dem Asteroidengürtel bildet der große Meteorfall vom Jahre 1947 in den Sikhote-Alinbergen in der ostasiatischen Küstenprovinz. Der ursprünglich meteoritische Festkörper brach erst in der Erdatmosphäre auseinander. Die elliptische Bahn ähnelte der eines Planetoiden. Es handelte sich bestimmt um einen der zahlreichen Planetoiden, womit, wie man meinte, ein überzeugender Beweis von der genetischen Verwandtschaft zwischen Meteorkörpern und Asteroiden erbracht wäre.

VII. Jupiter

Der Planetenkörper. Ein Blick auf das Bild der Planetengrößen (Abb. 9, S. 23) zeigt, daß Jupiter unbestritten als Riese unter den Planeten angesprochen werden kann. Sein Äquatordurchmesser, den man bei Durchgängen seiner hellen Monde vor der Scheibe gut bestimmen kann, beträgt rund 142700 km, ist also etwa elfmal so groß wie der des Erdäquators. Seine Oberfläche übertrifft die der Erde um das 119fache und sein Volumen um das 1300fache. Infolge der raschen Umdrehung um seine Achse, die er in weniger als 10 Stunden vollendet, und auch infolge der geringen inneren Dichte des Planeten weist er eine stärkere Abplattung auf, die man schon bei flüchtigem Blick durchs Fernrohr erkennt. Die Abplattung läßt sich aus Störungen, die die nächsten Jupitermonde auf den Äquatorwulst Jupiters ausüben, berechnen und beträgt 1:15. Demnach ist der Poldurchmesser rund $^1/_{15}$ = 9500 km kleiner als der Äquatordurchmesser. Doch ist die Dicke der den eigentlichen Jupiterkörper umgebenden Atmosphäre nicht hinreichend gut bekannt, so daß weder der wahre Durchmesser des Planeten noch die wirkliche Abplattung des festen Körpers sicher angegeben werden kann.

Aber nicht nur die lineare Größe überrascht einen, Jupiter nimmt auch durch seine Masse, die das 318fache der Erdmasse ausmacht, unter den Wandelsternen eine beherrschende Stellung ein. Aus Masse und Dimension findet man eine Dichte von nur 1,33 g/cm^3, der Planet ist also noch wenig dichter als die Sonne, deren Dichte 1,41 Gramm pro Kubikzentimeter beträgt. Die geringe Dichte ist typisch für die sogenannten Jupiterplaneten (Jupiter bis Neptun), von denen im Kapitel II (Abb. 11 u. 12, S. 25) schon die Rede war. Die große Masse Jupiters bringt es mit sich, daß der Planet auch eine beherrschende Rolle auf jene Himmelskörper ausübt, deren Bewegungsfelder sich seiner Umgebung nähern, und deren Bahnformen dann der Riese nicht nur erheblich stören, sondern auch umgestalten kann. Aus derartigen Störungen und aus der Bewegung seiner Monde konnte die Jupitermasse mit einer Genauigkeit wie bei keinem anderen Körper des Planetensystems (Venus ausgenommen) bestimmt werden.

Die Bahn des Planeten. In einer mäßig elliptischen Bahn (Exzentrizität = 0,048) umkreist Jupiter in 11,86 Jahren die Sonne. Diese verhältnismäßig langsame Umlaufszeit hat zur Folge, daß die Erde den Planeten bereits jeweils in Folgen von 399 Tagen überrundet, es also fast alle 13 Monate zur Opposition kommt. Die Zeitspanne zwischen zwei Jupiteroppositionen entspricht seiner synodischen Umlaufszeit, die genau $398{,}88^d$ beträgt. In der Opposition — die Erde steht dann also zwischen der Sonne und dem Planeten — kann sich Jupiter uns bis auf 591 Millionen Kilometer nähern. In Konjunktion, wenn Jupiter von der Erde aus betrachtet hinter der Sonne steht, ist er unsichtbar und weiter entfernt (bis zu 965 Millionen Kilometer). Der Planet erreicht zwar nicht die Helligkeit der Venus, ist aber in günstiger Stellung mit einer Helligkeit von —2,4 Größenklassen zumeist das zweithellste Gestirn des nächtlichen Himmels. (Vgl. Abb. 10, S. 24.)

Die Oberflächenerscheinungen. Für den Planetenbeobachter ist Jupiter ein überaus reizvolles Objekt. Kein anderer Planet bietet so mannigfaltige, sich oft geradezu turbulent in seiner Atmosphäre abspielende Vorgänge. Dazu kommt das fesselnde Spiel seiner vier hellen Monde, die mit ihren Vorübergängen, ihren Verfinsterungen oder ihrem Schattenwurf das Bild um den Planeten ständig beleben. Ein gutes Prismenglas zeigt bereits den Planeten als Scheibe und läßt mühelos seine vier hellen Monde erkennen. Richten wir ein kleineres Fernrohr auf den Planeten, so kann man schon deutlich die parallel zum Jupiteräquator verlaufenden dunklen Bänder, die durch helle Zonen unterbrochen sind, erkennen. Abb. 51 zeigt uns die Struktur der Bänder und Zonen, wie sie der Beobachter im umkehrenden Fernrohr sieht. Für den Planetenbeobachter ist die ins einzelne gehende internationale Nomenklatur natürlich von Bedeutung, wir haben uns hier darauf beschränkt, die wichtigsten Bänder und Zonen zu vermerken. Man darf sich die Streifenstruktur nun keineswegs so klar begrenzt vorstellen, wie sie in unserem schematischen Bild erscheint, sie ist vielmehr mancherlei Veränderungen in Position, Breite und Randbegrenzung unterworfen. Was das menschliche Auge auf der Jupiterscheibe sieht, sind nicht Erscheinungen der eigentlichen

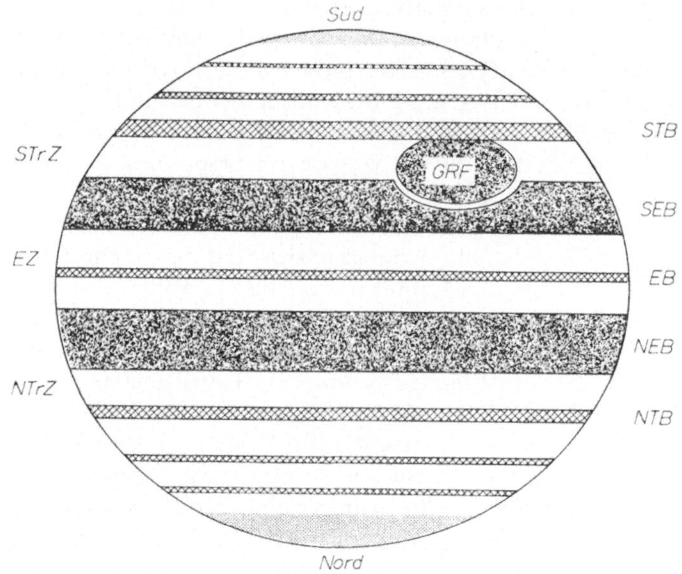

Abb. 51. Jupiter im umkehrenden Fernrohr. Die markantesten Bänder (rechts) und Zonen (links): *SEB* und *NEB* = südl. u. nördl. Äquatorband, getrennt durch das Äquatorband *EB*. *STB* und *NTB* = südl. u. nördl. gemäßigtes (temperiertes) Band. *EZ* = Äquatorzone. *STrZ* und *NTrZ* = südl. u. nördl. tropische Zone. *GRF* = großer roter Fleck. (Nach W. Büdeler)

Planetenoberfläche, sondern Vorgänge, die sich in den oberen Schichten der Atmosphäre abspielen. In dieser Atmosphäre geht es überaus lebhaft zu, dunkle und helle Flecken treiben zuweilen besonders in den äquatornahen Bändern einher, wobei sie in der von der Rotation des Planeten mitgeführten Atmosphäre oft hin- und herzuschwimmen scheinen. Mit der Abb. 53 zeigen wir eine Gesamtkarte des Planeten, die von K. Junge im Januar 1965 nach 16 Beobachtungsskizzen gezeichnet wurde. Man beachte die vielen hellen Flecke, die im NEB während dieser Jupiteropposition auftraten. Der große rote Fleck, auf den wir später noch zu sprechen kommen, liegt in der südtropischen Zone (STrZ). Ein weiteres Beispiel an Bewegungserscheinungen in der unruhigen Jupiteratmosphäre sei durch einen von L. Bornhurst im Herbst

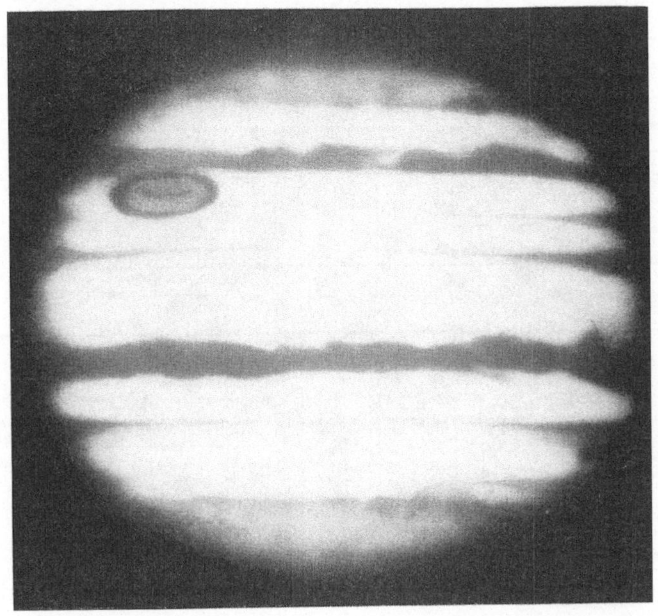

Abb. 52. Aufnahme des Planeten Jupiter (Mt.-Wilson- und Mt.-Palomar-Observatorium). Der auf der Südhalbkugel (oben) gelegene ovale „Große rote Fleck" tritt hier besonders auffallend in Erscheinung. (Aus Bildstreifen „Sterne und Weltraum im Bild", Taschenbuch 3, Mannheim 1964)

1962 beobachteten protuberanzenähnlichen Aufstieg gezeigt (Abb. 54). Er entwickelte sich bereits im August am oberen Rand des SEB und projizierte sich deutlich gegen die darüberliegende helle südliche tropische Zone (STrZ). Drei Phasen des Ereignisses sind nach Zeichnungen des Beobachters in unserer Abbildung skizziert.

Strömung und Zirkulation. Für die in den äquatorialen Zonen des Planeten auftretenden Strömungen gab E. Schoenberg folgende Erklärung: Die Oberfläche Jupiters ist teils flüssig, teils gasförmig, wobei die tiefliegenden flüssigen Teile sich langsam, vielleicht mit etwa 3,5 km/Std. bewegen. Nach Schönbergs Ansicht ist die äquatoriale Zone fest, während die beiderseits des Äquators liegenden Äquatorbanden Durchbrüche aufweisen. Durch diese „Bruchstellen" schießen nun aus dem Innern heiße

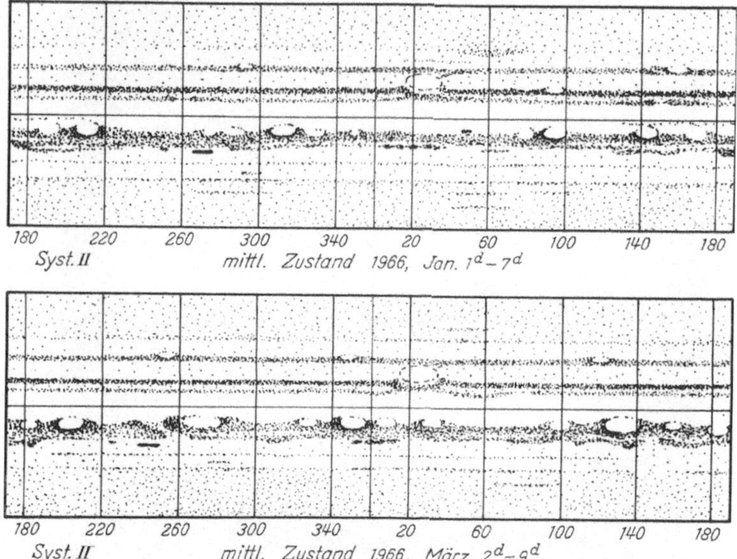

Abb. 53. Jupiterkarten in Merkatorprojektion nach K. Junge. Oben 1966 Jan. 1 + 7^d, unten 1966 März 2 + 9^d. Die um 2 Monate auseinanderliegenden Zeichnungen lassen gut verschiedene Änderungen erkennen. Bei den weißen Flecken, die die Größe irdischer Kontinente haben, ist die Dunkelumrandung nicht reell, sie soll nur die Erscheinung betonen. Die Zeichnungen wurden freundlicherweise von dem Beobachter zur Verfügung gestellt

Dämpfe in die darüberliegende Atmosphäre empor, wo wir diese Gasströme als wolkenartige dunkle Streifen beobachten. Die hier in der sehr dünnen Atmosphäre herrschenden Winde treiben die Gasmassen mit hohen Geschwindigkeiten von über 400 km/Std. einher. Sicherlich verursachen die aufsteigenden Gasströme überhaupt die starken Strömungen in der gesamten äquatorialen Atmosphäre. Die Verhältnisse sind etwa ähnlich wie bei den Zirkulationen, die wir in unserer Lufthülle bei den Passatwinden beobachten. Bei den irdischen Erscheinungen bewirkt die Sonnenwärme als Energiequelle das Aufsteigen der äquatorialen warmen Luft, die sich bis zu den subtropischen Zonen ausbreitet, um dann

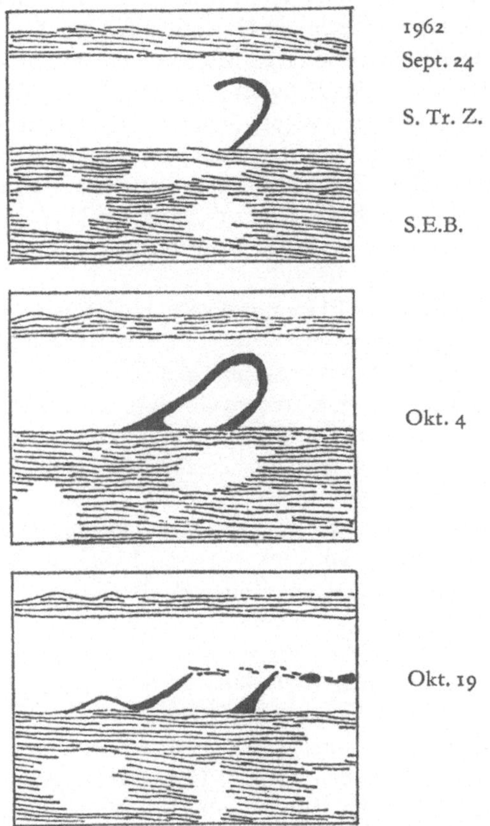

Abb. 54. Protuberanzenähnliche Ausbrüche im SEB des Jupiters nach Beobachtungen von L. Bornhurst. (Nach Sky and Teleskop XXV, No. 3 (1963))

auf der Erdoberfläche wieder zum Äquator zurückzufließen. Infolge der Umdrehung der Erde um ihre Achse bildet sich dann der entgegengesetzt zur Rotation der Oberfläche nach West gerichtete Passat aus. Da bei der Entfernung Jupiters die Sonneneinstrahlung dort nur etwa $^1/_{27}$ der auf die Erde einfallenden beträgt, kommt die Sonne als Energiequelle für die Ausbildung der über der Jupiteroberfläche auftretenden Zirkulationen natürlich nicht in Frage. Die Energie geht nach Ansicht Schoenbergs bei Jupiter von den aus dem Innern in die nördlichen und südlichen Äquatorbändern aufsteigenden heißen Gasströmen aus. Diese treiben in den oberen Schichten dem Äquator zu, sinken hier ab, um dann nach den Parallelkreisen der Äquatorbänder zurückzuströmen. Hier wird das abgesunkene Gas von den aufsteigenden heißen Strömen erfaßt und wieder erneut hochgetrieben, so daß sich eine ständige Zirkulation ausbildet. Die Verhältnisse komplizieren sich durch Reibungswirkung, welche die Zirkulation abklingen läßt oder die Gase in eine Reihe treibender Wirbel umgestaltet.

Die Rotation des Planeten. Die sich oft scharf abzeichnenden Oberflächenerscheinungen bieten gute Möglichkeit, die Rotationszeit des Planeten in den verschiedenen Bändern und Zonen zu ermitteln. Natürlich gibt es in dem Gewoge der Oberflächenerscheinungen keinen Fixpunkt, der zur Ableitung der Rotation dienen könnte. Schon die älteren Planetenbeobachter stellten aber fest, daß die aus Fleckenbeobachtungen abgeleitete Rotationszeit in der Äquatorzone gut 5^{m} kürzer ist als diejenige in den mittleren Breiten. Man führte daher zwei Standardsysteme ein, deren Rotationszeiten man nach langjährigen Beobachtungen folgendermaßen festlegte:

Rotationszeit in den Äquatorgebieten = $9^h\,50^m\,30{,}00^s$ (System I).,
Rotationszeit in mittleren Breiten = $9^h\,55^m\,40{,}63^s$ (System II).

Die beiden Systeme gestatten es, Bewegungsvorgänge in der Planetenatmosphäre in bezug auf diese zu studieren. Es handelt sich bei diesen Perioden um den Umschwung der Planetenoberfläche, die in verschiedenen Breiten unterschiedliche Rotationszeit aufweist. (Ähnlich, jedoch nicht so gesetzmäßig ausgeprägt wie bei der Sonne.) Die wahre Länge des Jupitertages, also die Umdrehungszeit des eigentlichen Planetenkörpers, kennen wir noch nicht mit Sicherheit. Die Beobachtung einiger größerer Ausbrüche, die sich fast an den gleichen Stellen des südlichen Äquatorbandes ereigneten, ließen die Vermutung aufkommen, daß sie von Eruptionsherden (Vulkanen?) auf dem Jupiter ausgelöst sein mögen. Die Auswertung des allerdings noch recht mageren Beobachtungsmaterials spricht für eine Rotationszeit von $9^h\ 54^m\ 52{,}5^s$.

Radiobeobachtungen scheinen — unter der Voraussetzung, daß die Radioemission vom Planetenkörper ausgeht — auch für eine kürzere Rotationszeit (verglichen mit dem System II) zu sprechen. Sie ergab sich zu $9^h\ 54^m\ 29{,}7^s$ und ist mit diesem Wert als System III von den Radioastronomen eingeführt. Ihre Ableitung beruht auf der Beobachtung der im Jahre 1955 entdeckten Radio-Strahlungsausbrüche (Radiobursts).

Der große rote Fleck. Der fast mitten in der südlichen tropischen Zone liegende große rote Fleck ist eines der auffallendsten

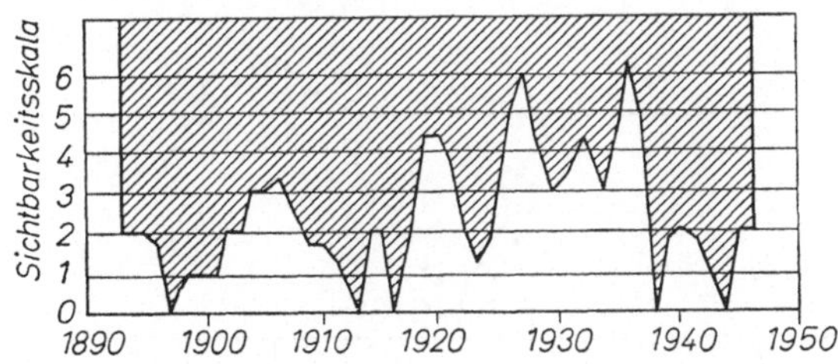

Abb. 55. Die Sichtbarkeitserscheinungen des großen roten Flecks, gezeichnet nach einer Tabelle von B. M. Peek, „The Planet Jupiter", London 1958. Skala: *6* = auffallend; *5* = sehr gut sichtbar; *4* = gut definiert; *3* = mäßig gut erkennbar; *2* = schwach, schlecht definiert; *1* = gerade noch erkennbar; *0* = unsichtbar

und dauerhaftesten Objekte. Vermutlich haben ihn schon Hooke und Cassini in den Jahren 1664/65 wahrgenommen; er lenkte dann in der Folgezeit immer mehr das Interesse der Astronomen auf sich. Die Erscheinungen des roten Flecks sind recht wechselhaft, zuweilen zeichnet er sich in seiner charakteristischen Form ganz deutlich ab, dann wieder erkennt man nur seine groben Umrisse oder er wird sogar zuweilen nahezu unsichtbar.

B. M. Peek hat aus den Beobachtungen der Jahre 1893—1946 die Sichtbarkeitsmöglichkeiten des roten Flecks zusammengestellt, die ich in Abb. 55 graphisch dargestellt habe. Beachtlich sind die Dimensionen des zumeist rosa oder rötlich erscheinenden ovalen Gebildes. Seine Längsausdehnung beträgt rund 40000 km und seine Breite etwa 13000 km. Der Fleck hat eine keulenförmige Gestalt und man nimmt vielfach an, daß diese Keule in einem

„Meer“ hochkomprimierter Gase schwimmt. Nach einer anderen Theorie gibt es vielleicht auf der festen Oberfläche ein Störgebiet, das etwa gleiche Dimensionen wie der rote Fleck hat und von dem aus ein Strom gasförmiger Partikel ständig nach oben in die Atmosphäre strömt. Man nennt diese Theorie die vulkanische, weil man dabei an ein von Geysiren durchsetztes Oberflächenfeld denkt, aus dessen Boden von innen her die Gase hochsprudeln.

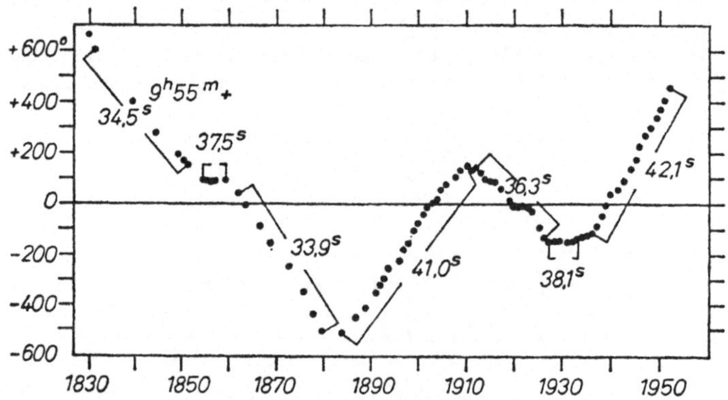

Abb. 56. Die Wanderung des roten Flecks von 1831—1952 und die Änderung seiner Rotationsperiode. (Grenzwerte $9^h 55^m 33{,}9^s$ bzw. $9^h 55^m 42{,}1^s$.) Aus B. M. Peek, „The Planet Jupiter“, London 1958

Ein besonderes Merkmal des roten Flecks ist seine Driftbewegung. Seit 1831 wurde er bei einer mittleren Rotation von $9^h\, 55^m\, 37{,}6^s$ gegen die Zone in der er treibt, im Laufe von 120 Jahren bereits neunmal um den Planeten herumgeführt. In der gleichen Zeit flutete die große Scholle in der sie tragenden Schichten um beträchtliche Weiten — rund 32000 km — gegen seine Mittellage hin und her. Diese Wanderung haben wir in Abb. 56 nach einer umfassenden Auswertung von B. M. Peek dargestellt und dabei die in den verschiedenen Zeitabschnitten ermittelten Rotationsperioden des großen roten Flecks vermerkt. Die oben geschilderten Theorien über die Natur des roten Flecks müssen diesen beobachteten Veränderungen der Winkelgeschwindigkeit Rechnung tragen. Man hat errechnet, daß bei der Vorstellung eines schwimmenden festen Körpers schon eine nur bis 10 km wechselnde Eintauchtiefe die seit 1831 beobachteten Veränderungen erklären könnte. Bei der Eruptionstheorie, die von der Annahme ausgeht, daß der rote Fleck mit dem festen Mantel Jupiters zusammengehört, könnten die Veränderungen der Winkelgeschwindigkeit durch wechselnden Austausch in den Schichten unterhalb des Mantels und dem flüssigen Kern zustande kommen.

Die südliche tropische Störung. In der südlichen tropischen Zone, in der der rote Fleck schwimmt, entdeckte man 1901 eine von dunklen Flecken durchsetzte Dunstwolke, an deren Enden auch zuweilen leuchtend helle Flecke gesehen wurden. Die Geschichte dieses sogenannten Schleiers — heute nennt man ihn die südliche tropische Störung — und seiner Begegnung mit dem roten Fleck ist auf Grund des zur Verfügung stehenden Beobachtungsmaterials ausführlich in der Jupitermonographie von B. M. Peek geschildert. Danach hat vielleicht schon H. Schwabe ihn 1859 gesehen. Interessant sind in dieser Geschichte die Ereignisse der Jahre 1901—1940, denn in dieser Zeit flutete der manchmal 72000 km lange Schleier mehrmals über den roten Fleck. Wenn dann die zuweilen etwa 25 km in der Stunde schneller treibende Wolke des Schleiers den roten Fleck erreichte, floß die Materie um diesen herum und riß ihn dabei oft viele Tausend Kilometer mit. Nach dem Passieren des Schleiers pendelte dann der rote Fleck wieder in seine alte Lage zurück. Auf der anderen Seite ist auch anscheinend die Bewegung des Schleiers dabei ständig gebremst worden, denn die Rotationszeiten beider Objekte paßten sich immer mehr an und es kam dann im Laufe der Zeit auch zu keiner Wechselwirkung mehr zwischen ihnen. Seit 1940 ist der Schleier verschwunden. Die Zukunft wird lehren, ob er oder ähnliche Gebilde, die man in der hellen tropischen Zone beobachtete, wieder einmal bedeutungsvoll werden.

Die zahlreichen Erscheinungen auf der Oberfläche des Planeten, von denen in diesen Abschnitten die Rede war, verdanken wir in erster Linie den unermüdlich allerorts visuell tätigen Planetenbeobachtern. Man mag hier die durchaus berechtigte Frage aufwerfen, ob nicht mit Hilfe der hochentwickelten modernen Astrophotographie weit erfolgreichere Arbeit geleistet werden kann. Nun, gewiß hat man besonders auf hochgelegenen Sternwarten hervorragende Planetenphotos gemacht. Besonders bei dem Verfahren des Aufeinanderkopierens mehrerer Aufnahmen vermochte man viele feine Details recht klar herauszuschälen. Die Planetenphotographie erfordert aber immerhin Belichtungszeiten zwischen mindestens 0,5 und etwa 2 Sekunden, eine Zeit, in der ständig weit kurzlebigere Luftschlieren wirksam sind. Dazu kommt, daß im Gegensatz zur Netzhaut die photographische Emulsion vom Korn — mag es noch so klein sein — durchpünktelt ist. Demgegenüber ist das Auge des Beobachters geduldiger, es kann blitzschnell feinste Eindrücke auf der Netzhaut akkumulieren und nimmt dabei ganz unbewußt das optimale Bild sinnlich wahr. Selbstverständlich kommt der Planetenphotographie auf vielen anderen Gebieten besondere Bedeutung zu. Es sei hier auch auf die sogenannten Ballonsternwarten hingewiesen, die in Höhen bis um etwa 25 km über dem Erdboden, wobei etwa 94% der störenden Lufthülle bereits unter dem fliegenden Fernrohr lagen, sehr erfolgreich arbeiteten.

Die physikalische Natur des Planeten. Über die physikalische Natur des Planeten geben uns spektroskopische, photometrische und radiometrische Untersuchungen im Verein mit theoretischen Überlegungen Aufschluß. Wir wissen, daß die äußersten Schichten der Jupiteratmosphäre aus Wasserstoff und Spuren von Neon, Argon und Ammoniak bestehen. Bei den in den verschiedenen Zonen beobachteten Wolken handelt es sich um gefrorene Ammoniakkristalle. Diese Kristallwolken sind anscheinend mehr oder weniger stark mit leichten Chemikalien wie Sodium oder Kalzium durchmischt, und diese Durchmischung ruft die beobachteten rötlichen, bräunlichen oder grünlichen Farbtöne hervor. Die Wolkenoberfläche weist mit einer Albedo von 0,73 ein hohes Reflexionsvermögen auf. (Vgl. den Begriff Albedo Abb. 13, S. 27.)

Im thermischen Bereich fand man eine Oberflächentemperatur von etwa —145° C, sie entspricht derjenigen, die man auf Grund des Reflexionsvermögens und der Entfernung Jupiters theoretisch erwarten sollte. D. h. mit anderen Worten, die Oberfläche strahlt den Wärmebetrag zurück, den sie von der Sonne erhält. Radiomessungen im Bereich der 3-cm-Wellen bestätigen diesen Befund. Interessante Ergebnisse fand man 1962 bei Infrarotmessungen im Wellenlängenbereich bei 8 und 14 Mikron. Der auf den Planeten gerichtete Empfänger, der in Verbindung mit dem 5-m-Spiegelteleskop des Mt.-Palomar-Observatoriums benutzt wurde, hatte eine Größe von nur knapp $^1/_8$ des Jupiterdurchmessers. Man konnte, als man den Planeten 15mal über den kleinen Infrarotdetektor laufen ließ, eine ins einzelne gehende Isothermenkarte herstellen, die wir in Abb. 57 zeigen. Der kleine Detektor gestattete es auch, die Temperaturen der über die Oberfläche laufen-

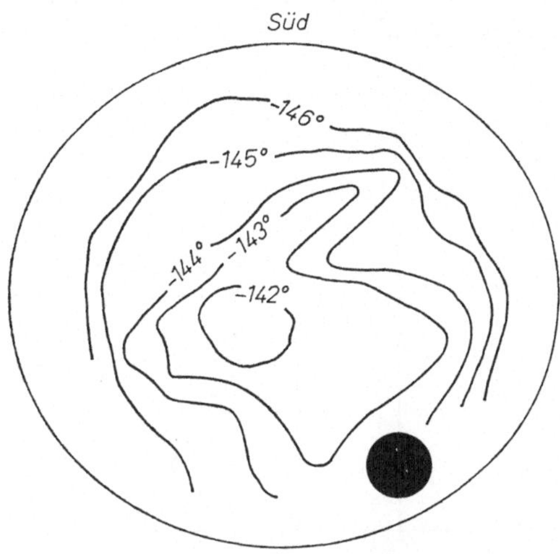

Abb. 57. Isothermenkarte Jupiters (umkehrendes Fernrohr). Der Meßdetektor hatte die Größe der schwarzen Scheibe. (Nach B. C. Murray und R. L. Wildey. Aus „Sky and Telescope", XXVII, No. 1, 1964)

den Schatten der Jupitermonde Jo und Europa zu messen. In diesen Schattengebieten war es rund 50° wärmer als auf der Scheibe, die eine mittlere Temperatur von rund —15 ° C hat.

Eine spektroskopische Durchlotung der Jupiteratmosphäre wurde ermöglicht, als Jupiter 1952 den Stern σ Arietis bedeckte. Man nahm die Gelegenheit wahr, um ausgewählte Teile des Spektrums des Sterns vom Eintritt in die Hülle Jupiters bis zum endgültigen Verschwinden zu photometrieren. Aus der so erhaltenen Kurve der Lichtminderung erhielt man Aufschluß darüber, welche Gase für die Lichtminderung verantwortlich sind. Der überaus glückliche Verlauf des Experiments spricht für das Vorherrschen von Wasserstoff und Helium in Jupiters Stratosphäre. Noch zuverlässigere Erkenntnisse würde man erhalten, wenn man derartige Beobachtungen mit einem von einem Ballon getragenen Instrument oder noch besser von Raumsonden aus durchführte, die den Planeten in allernächster Entfernung umkreisen. Eine Raumsonde in einer Entfernung von 1—2 Radien des Planetenradius „fände" ständig eine große Anzahl hellerer Sterne; Vorausberechnungen wären nicht erforderlich und es wäre auch gleichgültig, um welchen Stern es sich jeweils handelt.

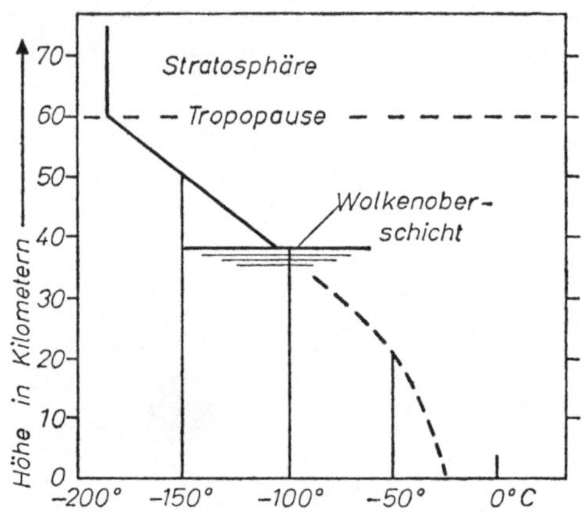

Abb. 58. Modellvorstellung des Temperaturverlaufes in der Jupiteratmosphäre nach G. P. Kuiper, „The Atmospheres of the Earth and Planets", Univ. Press, Chicago 1952. Tropopause = Grenzschicht zwischen Tropo- und Stratosphäre

Auf theoretische Überlegungen geht der in Abb. 58 gezeigte Aufbau der Jupiteratmosphäre zurück, bei dem für die Oberfläche Jupiters eine Temperatur von —23° C angenommen wurde. Oberhalb der Wolken fällt nach dieser Darstellung die Temperatur von rund —100° C bis zur Tropopause (in 60 km Höhe) auf fast —190° C, um dann in der Stratosphäre konstant zu bleiben.

Obwohl uns die Wolkenatmosphäre den Blick auf den eigentlichen Jupiterkörper verwehrt, hat man doch verschiedene theoretische Überlegungen über den inneren Aufbau des Planeten angestellt. Bei diesen Modelvorstellungen wurden verschiedene Annahmen über die atomare Zusammensetzung des Wasserstoff- und Heliumgehaltes für den molekular festen und metallischen Zustand unter verschiedener Druck- und Dichteverteilung durchgerechnet. Unsere Abb. 59 zeigt im Sektordurchschnitt ein solches Model vom Aufbau der Jupiterkugel.

Radiostrahlung. Das noch verhältnismäßig junge Studium der Radiostrahlung Jupiters läßt eine Fülle neuer Probleme auftauchen. Sie werfen z. B. die noch nicht beantwortete Frage auf,

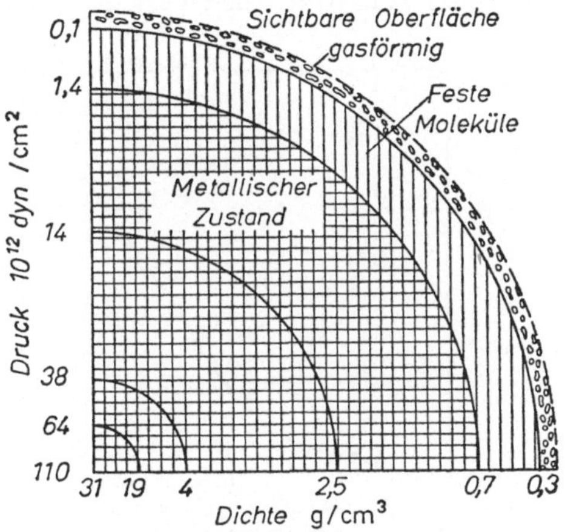

Abb. 59. Der Aufbau des Jupiterkörpers nach W. C. De Marcus (Astron. J. 63, 2, 1958). Dichte und Druck nehmen zum kernartigen Inneren gewaltig zu

welche Zusammenhänge etwa mit den in der Atmosphäre nahe bei Radioquellen auftretenden Flecken bestehen. Sie berühren das Studium der Stärke der Radiobursts und ihre Beziehungen zur Sonnenaktivität und der den Planeten umgebenden Ionosphäre, von der sie möglicherweise emittiert werden. Schließlich spielen auch unsere Vorstellungen von dem inneren Aufbau des Planeten bei der Deutung des noch rätselhaften Mechanismus der Radioemission eine Rolle.

Thermische — nicht thermische Radiostrahlung — Radiobursts. Die Deutung der Radiostrahlung im Bereich der cm-Wellen bis zu den Meterwellen bereitete den Radioastronomen mancherlei Kopfzerbrechen. Heute hat sich die Ansicht durchgesetzt, daß wir es mit drei Arten von Radioemission zu tun haben:

1. Im Bereich der cm-Wellen empfangen wir rein thermische Strahlung der Jupiteroberfläche; sie beträgt nach den Radio-

messungen rund —130° C, ein Wert, der etwa in Übereinstimmung mit der im Infrarot erhaltenen Wärmemessung steht.

2. Gegenüber dieser thermischen Strahlung beobachtete man bei den Dezimeterwellen einen steilen Anstieg der Intensität oder Strahlungstemperatur T_s. Sie betrug bei den Wellenlängen um 21 cm bereits 3000°, um bei der Wellenlänge um 70 cm auf T_s = 50000° anzuwachsen. Wir haben den Verlauf in Abb. 60 aufge-

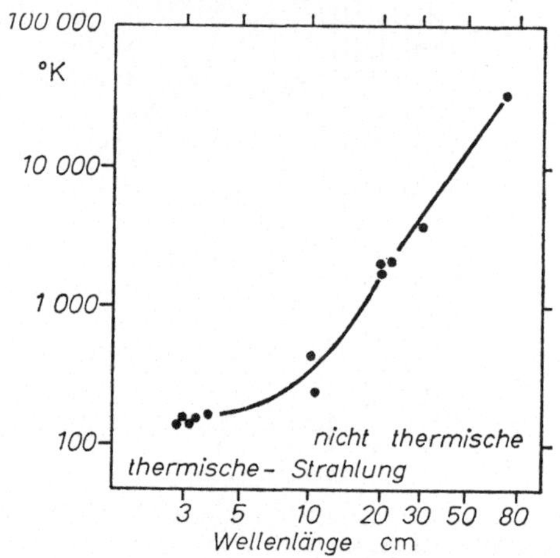

Abb. 60. Intensität der Radiostrahlung des Jupiters in absoluten Temperaturwerten °K. (0°K = —273°C, also 100°K = —173°C.) Nach C. H. Mayer in „Planets and Satellites", The Solar System III, Chicago 1961

zeichnet. Es ist verständlich, daß die Herkunft der Strahlungsquelle bei derartig hoher Strahlungstemperatur nichts mit der Wärmestrahlung Jupiters zu tun hat. Ihr Ursprung und der Ablauf des Strahlungsvorganges ist daher nicht thermischer Natur. Er rührt auch nicht vom Planetenkörper her, sondern geht von der weiteren Umgebung Jupiters aus. Man nimmt an, daß es sich um „Synchrotonstrahlung" handelt, die von einem vielleicht zweigeteilten Strahlungsgürtel ausgeht, der in Entfernungen bis zum dreifachen Jupiterdurchmesser den Planeten umgibt.

3. Der dritte Typ von Radiostrahlung bei rund 15 Meter Wellenlänge macht sich durch heftige Radiostrahlungsausbrüche (Radiobursts) bemerkbar. Man nimmt vielfach an, daß diese Radio-

emission teils vom roten Fleck, teils aber auch von örtlichen Quellen ausgeht, die man visuell als weiße Flecken beobachtete. Nach einer anderen Hypothese finden in der Jupiteratmosphäre gewaltige Gewitter statt, deren Entladungen wir dann als Radioemission beobachten. Die erwähnten weißen Flecken muß man dann als die obersten Spitzen solcher elektrisch-atmosphärischer Stürme ansehen. Möglicherweise stammt die beobachtete Radioemission primär überhaupt nicht von Jupiter her, sondern wird von der Sonne ausgelöst, so daß sie sekundär von der Ionosphäre Jupiters uns zugestrahlt wird. Die hier aufgeführten Arten der Radiostrahlung werden sehr stark durch die physikalischen Eigenarten des Planeten bestimmt, wobei seine Ionosphäre, sein Magnetfeld und die Strahlungsgürtel eine wichtige Rolle spielen. Diese drei Merkmale sind ja auch für unsere Erde charakteristisch und es erhebt sich die Frage, ob nicht auch die Erde ein Radiostrahler im Gebiet der Frequenzen unter 20 Meter ist? Von der Erde aus können wir diese Frage nicht beantworten, aber vielleicht können uns Satelliten, die außerhalb der irdischen Ionosphäre auf einer Polbahn kreisen, darüber Auskunft geben.

Radiobursts und Jupitermond Jo. Neuerdings hat E. K. Bigg eine überraschende und aufsehenerregende Entdeckung gemacht, nach der Radiostrahlungsausbrüche (Bursts) im Bereich der Dezimeterwellen zwischen etwa 10 und 40 m vom Jupitermond I (Jo) gesteuert werden. Wenn man nämlich alle seit 1961—1965 registrierten Bursts — es sind mehr als 1200 — so ordnet, daß sie alle im Zeitmaß der synodischen Umlaufszeiten des Mondes Jo ausgedrückt werden und dann etwa graphisch dargestellt werden, so zeigt die Umlaufskurve zwei ausgeprägte Maxima. Ein Beispiel soll uns den überraschenden Effekt erläutern: In Abb. 61 habe ich aus den Berichten des internationalen geophysikalischen Jahres die Anzahl der hier veröffentlichten 301 Jupiterbursts von 1964 Januar bis 1965 Mai graphisch dargestellt. Sie sind, ausgedrückt in der von der Erde aus gesehenen (synodischen) Umlaufszeit des Mondes Jo, die $1^d 18^h 28^m 36^s = 1{,}7699$ Tage beträgt, aufgetragen. (360° entsprechen also bei dieser Einordnung einem Umlauf von 1,77 Tagen.) Die in der Mitte der Abbildung gezeichnete Nebenfigur zeigt maßstabgerecht Jupiter (schwarze Scheibe) und die Bahn des Mondes Jo. Bei 0°, dem Ausgangspunkt der Darstellung, befindet sich der Mond, von uns aus betrachtet, hinter dem Planeten in oberer Konjunktion. Unser Diagramm läßt nun zwei ausgeprägte Maxima der Bursttätigkeit erkennen, deren erstes bei etwa 93° liegt, also etwa ½ Tag nach der oberen Konjunktion eintritt. Die zweite Häufigkeit beobachtet man nicht ganz ½ Umlauf später bei etwa 242°. Das Bild zeigt also recht auffällig, daß Jo die vom Jupiter ausgehende Radiostrahlung jedenfalls im Be-

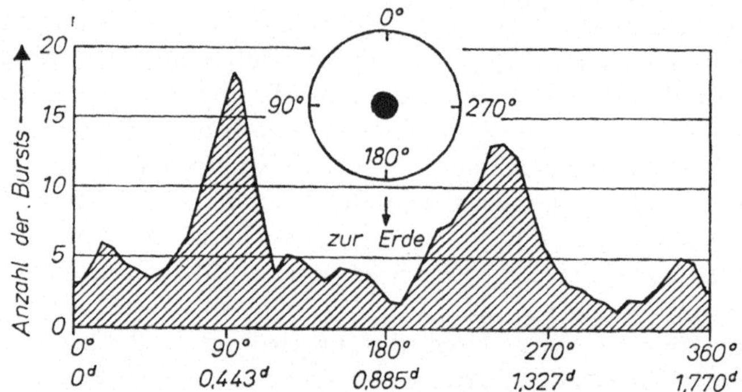

Abb. 61. Die Strahlungsausbrüche (Bursts) Jupiters im Bereich der Dezimeterwellen werden von seinem Mond Jo gesteuert. (Umlaufzeit des Mondes rund 1,77 Tage)

reich der Dezimeterwellen regelt. Ja, möglicherweise gehen diese Strahlungsausbrüche überhaupt von einer einzigen Radioquelle aus und die jeweilige Stellung des Mondes in seiner Bahn bedingt für uns ihre Empfangsmöglichkeit. Den Schlüssel zur Lösung des Joeffektes geben vermutlich Beobachtungen, die man bei künstlichen Erdsatelliten fand. Es zeigte sich nämlich, daß diese deutliche Ionisationseffekte zu Zeiten erdmagnetischer Störungen hervorrufen. Diese kommen anscheinend durch eine Wechselwirkung zwischen den Erdsatelliten und den Schalenreservoiren der irdischen Van Allenschen Strahlungsgürtel (Magnetosphäre) zustande. Man darf vielleicht annehmen, daß auch beim Jupitermond Jo ein ähnlicher Effekt durch die Magnetosphäre Jupiters ausgelöst wird. Doch bedarf diese Hypothese noch weiterer klärender irdischer und jovialer Beobachtungen.

Noch im nächsten Jahrzehnt plant man eine Jupitersonde am Planeten vorbeifliegen zu lassen. Ihr soll dann eine unbemannte

Umkreisung folgen. Da die Schwerewirkung Jupiters eine Landung auf dem Planeten selbst kaum zuläßt, läuft die weitere Planung der Raumfahrer auf eine bemannte Umkreisung oder Landung auf einem der vier großen Jupitermonde hinaus. Natürlich ist dies noch „Zukunftsmusik", aber das Ziel weiterer Forschung ist damit aufgezeigt.

Jupitermonde. Galileis Entdeckung. Die Welt der Jupitermonde, ihre Entdeckung sowie ihre Erscheinungen, wollen wir zumeist durch Bildberichte erläutern. Wir beginnen mit Galileis aufsehenerregender Entdeckung der vier großen Jupitermonde und haben in Abb. 62 Galileis Beobachtungen denjenigen gegenübergestellt, die die Monde nach Berechnung von J. Meens um die abendlichen Beobachtungszeiten Galileis wirklich hatten:

7. Januar 1610. Galilei fielen drei „Sternchen" dadurch auf, daß sie zu beiden Seiten Jupiters in einer geraden Linie lagen. Galilei erblickte im Osten Mond IV und die Monde II + I, die sein Fernrohr nicht zu trennen vermochte, und im Westen Mond III.

8. Januar. Galilei war höchst überrascht, seine drei „Sternchen" am folgenden Tag westlich von Jupiter zu sehen. Da er nach drei Sternen Ausschau hielt, schenkte er Mond IV keine Beachtung.

10. Januar. Wieder eine Überraschung: Galilei sieht nur noch zwei Monde, nämlich IV und III + II. Mond I stand zu dicht bei der Planetenscheibe. Erstaunlich ist Galileis Bemerkung, daß der dritte „sich hinter Jupiter verstecke" und der ständige Wechsel nicht von Jupiter, sondern von den Sternchen herrühre.

11. Januar. Galilei sieht die dicht beieinanderstehenden Monde getrennt und erkennt die Natur ihrer Bewegungen. Er schreibt: „Bei aller Überlegung habe ich die Überzeugung, daß es am Himmel drei Sterne geben muß, die den Jupiter umkreisen." (Wir übergehen den nächsten Tag.)

13. Januar. Galilei sieht an diesem Tage alle vier Monde, die er dann zu Ehren des toskanischen Geschlechts der Medici die „Mediceischen Sterne" nennt.

Zweifel und Streit. Doch viele Gelehrte der damaligen Zeit, die von der aufsehenerregenden Entdeckung hörten, schüttelten ungläubig ihre Köpfe, sie hielten nichts von der Mitteilung über Jupitergestirne. Einer dieser Skeptiker, so wird erzählt, verweigerte es sogar, sich durch einen Blick durchs Fernrohr von ihrer

Existenz überzeugen zu lassen. Als dieser kurz darauf starb, soll Galilei in der ihm eigenen sarkastischen Art gesagt haben: „Ich hoffe, daß er sie auf dem Weg zum Himmel gesehen hat.“ Un-

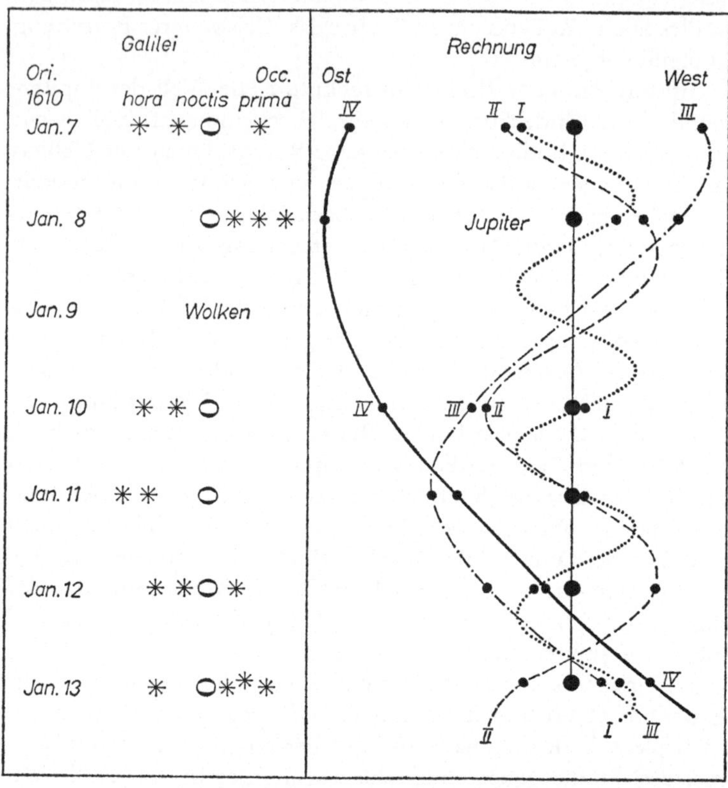

Abb. 62. Zur Entdeckung der 4 großen Jupitermonde. Links Galileis Beobachtungen nach seinen Originalaufzeichnungen. Rechts Rückrechnung und Bahnverlauf für Galileis Beobachtungszeiten

abhängig von Galilei hat bereits im Dezember 1609 Simon Mayer, genannt Marius, die Jupitermonde entdeckt. In einem älteren astronomischen Lehrbuch heißt es darüber: „Als aber Simon Marius, ein Teutscher und des Markgrafen zu Anspach Mathematicus Anno 1609 einen Holländischen Tubum in die Hände kriegte, so entdeckte er sie damit, gleichwie sie gleich darauf, nemlich Anno 1610 d. 7. Januarii, der Florentinische Mathematicus Galilaeus, ebenfalls wargenommen, und sie sidera Medicea, als wie Marius, sie zu Ehren seines Fürsten, sidera Brandenburgica genennet hat."

Da Marius seine Entdeckung erst 1612 bekanntgab, entwickelte sich daraus ein unerfreulicher Prioritätsstreit, in dem Galilei ihn in scharfer Form (zu Unrecht) des Plagiats beschuldigte. Die jetzt gebräuchlichen mythologischen Namen der Monde schlug Marius später nach Diskussion mit Kepler vor. Es handelt sich bei Jo und Callisto um Geliebte des Zeus; Europa wurde in Gestalt eines Stiers und Ganymed wegen seiner Schönheit von Zeus entführt. Der 1892 entdeckte innerste fünfte Mond heißt noch vielfach Almathea, während die später gefundenen Monde VI—XII ohne Namen blieben.

Die Entdeckung der Monde V—XII. Die vier Galileischen Monde behaupteten fast drei Jahrhunderte lang ihre Stellung, bis am 9. September 1892 — Jupitermond Jo hatte nun schon 58347mal den Jupiter umkreist — ein fünfter Satellit von Barnhard visuell in unmittelbarer Nähe Jupiters entdeckt wurde. Dieser kleine Jupitermond V mißt querdurch etwa 170 km und benötigt für einen Umlauf nur 11,95 Stunden. Er ist mit einem Bahndurchmesser von 364000 km der innerste der Satelliten. Eine weitere Folge von Entdeckungen setzte dann mit dem Jahre 1904 ein, bis 1951 wurden sieben weitere Monde aufgefunden. Es sind alles äußerst lichtschwache Objekte, die in der Reihenfolge ihrer Entdeckung mit den römischen Nummern VI—XII bezeichnet wurden. Die Durchmesser dieser Monde liegen nach allerdings nicht unbedingt sicheren Abschätzungen zwischen 19 und 120 km. Seit 1955 hat man die schon früher begonnene systematische Suche nach möglichen weiteren Jupitermonden fortgesetzt, bei der übrigens das erstemal Almathea (Mond V) photographiert werden konnte. Bei bestimmten Annahmen über das Rückstrahlungsvermögen eines noch hypothetischen Jupitermondes darf man den Schluß ziehen, daß ein Mond mit einem Durchmesser bis zu 9 km hätte entdeckt werden müssen, was aber nicht der Fall ist.

Größen und Entfernungen. Statt weniger anschaulich sprechender Zahlentabellen soll nun ein weiterer Bildbericht uns mit der Welt der Jupitermonde vertraut machen (Abb. 63). Das

Fächerdiagramm zeigt uns zunächst die erstaunlichen Größenverhältnisse der vier Galileischen Monde, deren größter (Mond III),

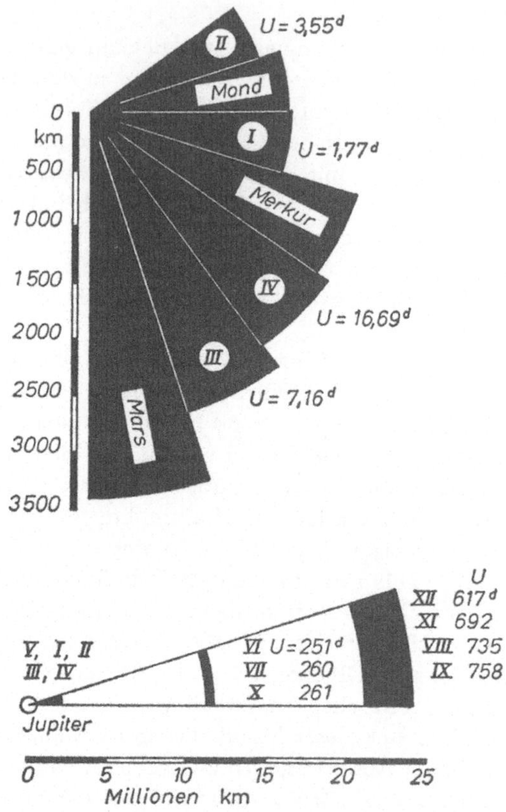

Abb. 63. Die Radien der großen Jupitermonde I—IV im Vergleich zu denen des Erdmondes, des Merkurs und Mars. Unten: die 12 Jupitermonde kreisen in den drei hervorgehobenen Entfernungsbereichen. *U* = Umlaufszeit in Tagen

wie man aus der Skala ablesen kann, einen Radius von 2800 km hat und daher schon bald mit Mars konkurrieren kann. Zum Vergleich sind auch noch die Daten unseres Erdmondes und Merkurs eingezeichnet. Das Bild darunter vermittelt uns einen Überblick über die Entfernungen, die die zwölf Monde vom Planeten haben, deren weitester mit einer Entfernung von fast 24 Millionen Kilometern einen Umlauf in 758^d, also gut zwei Jahren, vollendet. Die vier weitesten Monde (im großen schwarzen Feld) haben eine rückläufige Bahnbewegung. Sie kreisen bereits in einem Feld, das nahe an der Grenze liegt, wo die Anziehung der Sonne die des Jupiters übertrifft; ihre Bahnen unterliegen daher erheblichen Störungen.

Die Erscheinungen der Monde. Mit unserer Abb. 64 wollen wir dem Leser die wundervollen Erscheinungen der Jupitermonde vor Augen führen, die sie dem Planetenbeobachter schon in klei-

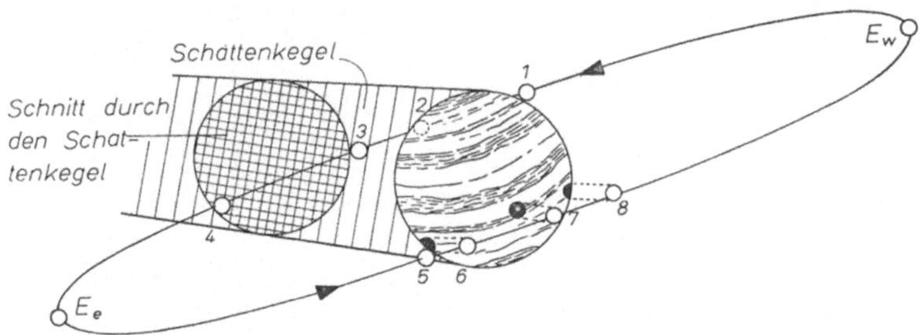

Abb. 64. Schematische Darstellung der Erscheinungen eines Jupitermondes. (Nach „Atlas of the Universe", London u. Edinburgh 1961)

neren Fernrohren bieten. In Schrägsicht zeigt dazu unsere Abbildung eine schematische Darstellung der Bahn eines der vier hellen Jupitermonde. Da wir in Wirklichkeit von der Erde aus nahezu auf die Kanten der Bahnebenen der Monde schauen, scheinen sie sich auf geraden Linien zu bewegen, und wandern vor oder hinter der Scheibe des Planeten einher. Wenn sich ein Mond in der Stellung 1 befindet, schickt er sich an, hinter der Jupiterscheibe zu verschwinden; die Phase der Bedeckung beginnt. Mit dem Wiederauftauchen des Mondes (Stellung 2) ist die zweite Phase, das Ende der Verfinsterung eingeleitet. Im weiteren Bahnverlauf tritt der Mond (bei 3) in den Schattenkegel Jupiters, der fast 100 Millionen Kilometer weit in den Raum reicht. Nach dem Schattendurchgang wird der Mond bei 4 wieder sichtbar. Die Beobachtung dieser beiden Erscheinungen, dieses Verschwindens und Auftauchens irgendwo im dunklen Himmelsraum, ist immer ein besonders spannendes Erlebnis. Die etwas stärkere Bahnneigung des Mondes IV gegen den Jupiteräquator bringt es mit sich, daß dieser Mond nicht durch den Schattenkegel des Planeten läuft. In der Stellung 5 erreicht der Mond wieder den Planeten und beginnt vor der Scheibe mit seinem Durchgang, der schwierig zu beobachten ist. Kurz danach erscheint als schwarzer Fleck der Mondschatten auf der Scheibe, den der Mond sozusagen nun im geziemenden Abstand hinter sich herzieht. Als erster erkannte bereits Cassini im Jahre 1665 den Schattenwurf der Monde. Die Umkehrpunkte auf der uns gradlinig erscheinenden Wanderung des Mondes sind seine größte östliche (E_e) bzw. westliche Elongation (E_w). Von der Erde aus gesehen erfährt die Lage des Schattenkegels, je nach der Stellung des Planeten zur Sonne, gewisse Veränderungen. So weist er z. B. zur Oppositionszeit nach hinten, so daß es dann keine Schattenverfinsterungen gibt und beim Durchgang sich auch der Schatten des Mondes der Beobachtung entzieht. In den astronomischen Kalendern werden Jahr für Jahr die Zeiten der Erscheinungen der Jupitermonde angegeben.

Die Beobachtung der Verfinsterung der Jupitermonde von verschiedenen Erdorten aus, ermöglicht — allerdings nur näherungsweise — eine geographische Längenbestimmung. Eine Methode, die früher oft bei der Seefahrt in Gebrauch war. Darüber hinaus bieten solche Beobachtungen eine gute Bestimmung oder Kontrolle der Mondbahnen, die durch gegenseitige Anziehung der Monde leichte Veränderungen erfahren. Aus diesen Störungen konnte man die Massen und Dichten der großen Jupitermonde bestimmen, wobei sich zeigte, daß die 4 Brüder recht unterschiedliche Merkmale aufweisen.

Olaf Römer bestimmt die Lichtgeschwindigkeit. Das reizvolle Spiel der Erscheinungen der Jupitermonde läuft, so sagte einmal Cassini, wie ein gutes Uhrwerk ab. Doch als um das Jahr 1676 Olaf Römer alle damaligen Beobachtungen überarbeitete, fand er, daß Cassinis „Uhrwerk“ zuweilen recht beträchtlich nachging. Es stimmten nämlich, so stellte Römer fest, nur diejenigen Beobachtungen mit den Tafelwerten überein, die um die Oppositionszeiten gemacht waren. War jedoch die Erde vor oder nach der Opposition weiter von Jupiter entfernt, so lagen die Zeiten der Erscheinungen der Jupitermonde oft um viele Minuten später, als es Cassinis Tafeln forderten. Wie nun Römer vorging, diese Unregelmäßigkeiten zu klären, erkennen wir anschaulich aus unserer Abb. 65. Etwa maßstabgerecht sind die Bahnen der Erde und des Jupiters für 4 Monate (18. Aug. bis 18. Dez. 1965) dargestellt. Weit überzeichnet wurden in der Abbildung die Bahn eines Jupitermondes und der Planet selbst. Man sieht, daß im August der Erdbeobachter 828 Millionen Kilometer vom Jupiter entfernt war, während 4 Monate später zur Oppositionszeit sich die Entfernung auf 620 Millionen Kilometer verringert hatte. Der Unterschied der Entfernungen von 208 Millionen Kilometer entspricht einer Lauf-

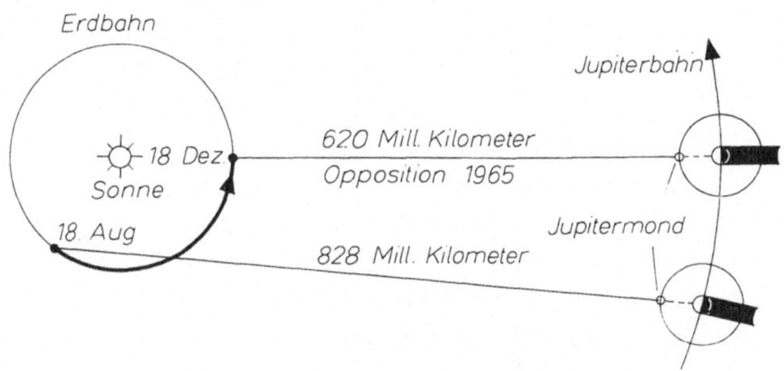

Abb. 65. Zu Olaf Römers Bestimmung der Lichtzeitunterschiede (Ausbreitungsgeschwindigkeit des Lichtes)

zeit des Lichtes von $11^m 33^s$, und Römer, der vermutlich ein ähnliches Vorstellungsbild, wie es unsere Abb. 65 zeigt, vor Augen hatte, schloß mit klarem Verstand, daß eben das Licht eine gewisse Zeit benötigt, um vom Jupiter bis zur Erde zu gelangen. Diese Lichtzeit mußte natürlich größer sein, wenn der Erdbeobachter dem Jupiter ferne stand. Damit war das Rätsel der Verspätung der Erscheinungen der Jupitermonde gelöst, ja es zeichnete sich die Möglichkeit ab, aus allen damals vorliegenden Einzelbeobachtungen von Jupitermondverfinsterungen die Ausbreitungsgeschwindigkeit des Lichtes, die man zumeist bis dahin für unendlich groß hielt, zu bestimmen. Streng genommen ermittelte Römer aus seinen Rechnungen nicht die Lichtgeschwindigkeit, sondern die Zeit, die das Licht benötigt, um im Raum der Erdbahn von der Sonne zur Erde zu gelangen. Er fand für diesen Lichtweg die Zeit von 11 Minuten. (Wahrer Wert = $8^m 18{,}5^s$.) Römers Bestimmung scheint auf den ersten Blick noch recht fehlerhaft zu sein, doch hat die Abweichung ihren Grund in der Ungenauigkeit der damaligen Beobachtungen und der noch recht mangelhaften Zeitbestimmung. Will man aus dem Lichtweg die Lichtgeschwindigkeit berechnen, so muß man die Entfernung Erde—Sonne kennen, über die zu Römers Zeiten noch völlig ungenaue Vorstellungen herrschten. Mit Römers Wert für den Lichtweg Sonne—Erde = 11^m und der wahren Entfernung Sonne—Erde ergibt sich für die Ausbreitungsgeschwindigkeit des Lichtes der Wert 226400 km/sek. (Heutiger Standardwert = 299792,5 ± 0,3 km/sek.) Römer bestimmte also, wie gesagt, nicht die Lichtgeschwindigkeit, sondern wies den Weg zu ihrer Bestimmung, die nur bei Kenntnis der fundamentalen astronomischen Einheitsentfernung Sonne—Erde sich nach Römers Methode ableiten läßt. Man hat später nochmals alle Beobachtungen der Jupiterfinsternisse von 1662—1802 nach Römers Methode bearbeitet und fand für die Ausbreitungsgeschwindigkeit des Lichtes den Wert 303000 km/sek. Der noch verbleibende Fehler wird dadurch erklärt, daß die Jupitermonde ja merkliche Durchmesser haben und es bei der Fernrohrbeobachtung Schwierigkeiten bereitet, den genauen Zeitpunkt ihres Verschwindens mit der gewünschten Genauigkeit etwa zu fixieren. Bei Ausschaltung des menschlichen Auges und Beobachtungen mit objektiven Photometern konnte man die Zeiten des Verschwindens oder Auftauchens der Jupitermonde weit genauer erfassen und fand anfangs unseres Jahrhunderts aus der Verfinsterung der Jupitermonde die Fortpflanzungsgeschwindigkeit des Lichtes zu 299670 km/sek., ein Wert, der recht genau mit dem heute angenommenen übereinstimmt.

Mit welcher Genauigkeit man die Bedeckung der Jupitermonde photoelektrisch zu photometrieren vermag, soll die Abb. 66 zeigen. Aus der Zeitskala ersieht man, daß der Mond vom ersten Eintauchen bis zum völligen Verschwinden rund 4 Minuten benötigt. Trotz der Genauigkeit dieser Beobachtung, deren Fehler für jeden Meßpunkt mit 0,3% angegeben wird, zeigt die Lichtkurve gegen eine theoretisch berechnete noch systematische Abweichungen. Man kann sie durch Strahlenbrechung in der Jupiteratmosphäre, durch Ungenauigkeit der Durchmesserbestimmungen oder durch ungleiche Oberflächenhelligkeit des Mondes erklären. Die heute auf radiotechnischen und atomphysikalischen Erkenntnissen beruhenden Verfahren zur Bestimmung der Lichtgeschwindigkeit sind so hoch entwickelt, daß die Methode von Olaf Römer bereits der Geschichte angehört.

Oberflächen und Rotation. Die Helligkeiten der Galileischen Monde liegen zwischen der 4,7- bis 5,5-Größenklasse, d. h. die Monde sind eigentlich mit bloßem Auge sichtbar. Aber die Nähe des strahlend hellen Jupiters verwehrt doch den meisten Augen ihr Auffinden. Bei günstigen Witterungsbedingungen kann man mit größeren Fernrohren auf den vier größeren Monden des Jupiters

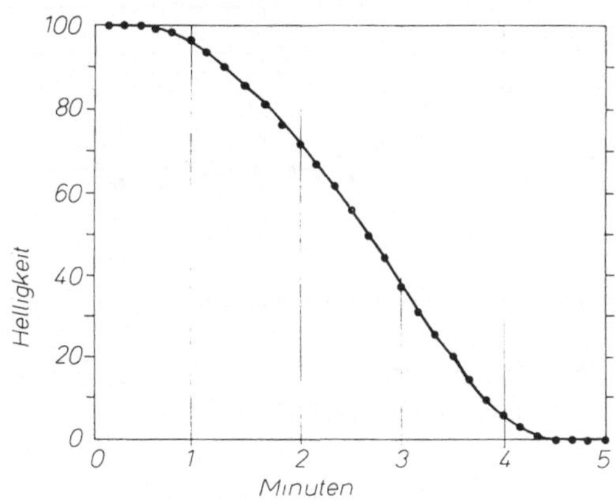

Abb. 66. Bedeckung des Jupitermondes I nach photometrischen Beobachtungen von G. P. Kuiper, 19. Nov. 1954. Arbeitsskala der Helligkeit: 100 = außerhalb der Finsternis, 0 = Mond verschwunden. (Aus „Planets and Satellites", The Solar System III, Chicago 1961)

Oberflächendetails sehen, meist größere Dunkelflächen, getönte Felder oder von diesen umrahmte weiße Flächen. Diese unveränderlichen Oberflächengebilde bewirken bei der Rotation der Monde einen immerhin nicht unerheblichen Lichtwechsel im Betrage von 0,16- bis 0,34-Größenklassen, aus dem man ihre Rotationszeit bestimmen konnte. Die Rotationszeiten sind alle gleich ihren Umlaufszeiten um den Planeten, so daß die Monde Jupiter stets die gleiche Seite zukehren, wie dies auch beim Erdmond der Fall ist. Abgesehen von dem durch die Rotation einer ungleich helleren Oberfläche verursachten Lichtwechsel treten noch durch die Sonnenstellung bedingte Lichtänderungen auf, die durch wechselnden Schattenwurf von „Bergen" auf der Oberfläche der Monde erklärt werden können.

Hat Mond Jo eine Atmosphäre? Nach dem bisherigen Stand der Forschung besitzen die Jupitermonde keine Atmosphären, doch scheint es nicht ausgeschlossen, daß man diese Ansicht revidieren muß. Man fand nämlich bei Helligkeitsmessungen des Austrittes des Mondes Jo aus dem Kernschatten des Jupiters keineswegs einen glatten Übergang zu „normaler" Helligkeit, sondern einen merkwürdigen Helligkeitsbuckel, der dagegen beim Ein-

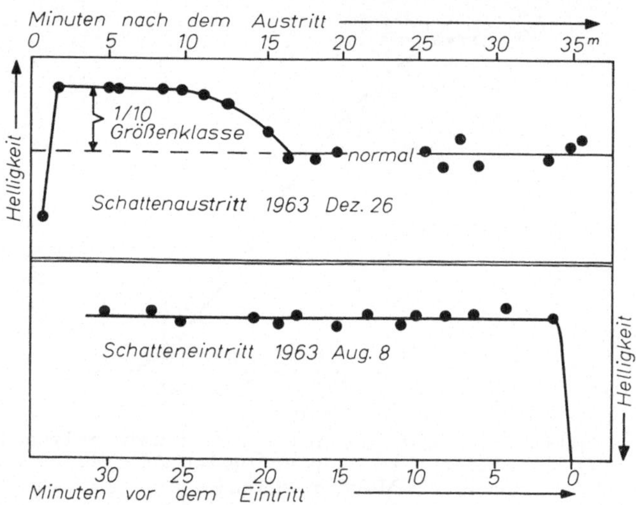

Abb. 67. Photoelektrische Helligkeitsmessungen des Jupitermondes Jo beim Austritt (oben) und Eintritt in den Kernschatten des Jupiters nach Beobachtungen von A. B. Binder und D. P. Cruikshand. Der Lichtbuckel deutet vielleicht auf das Vorhandensein einer Atmosphäre von Mond I hin. (Nach „Icarus", Vol. 3, No. 4, 1964)

tauchen des Mondes in den Schatten nicht beobachtet wurde. Von den vorliegenden Beobachtungen aus den Jahren 1962/63 haben wir zwei Lichtkurven ausgewählt und sie zur Erläuterung der Erscheinung in unserer Abb. 67 dargestellt. Der Helligkeitsverlauf steigt, wie es die obere Kurve zeigt, nach dem Austritt des Mondes aus dem Schatten zunächst über das Normale an, um erst nach etwa 15 Minuten sich auf normale Helligkeit wieder einzupendeln. Demgegenüber sinkt beim Eintritt des Mondes in den Schatten (untere Lichtkurve) die Helligkeit ganz normal ab. Wie kann man diesen Befund deuten? Nun, wenn der Mond in den Schatten getreten ist, erhält er vom Planeten keine Wärmestrahlung mehr, muß also kälter werden. Hat der Mond eine Atmosphäre, könnte es dann zu einer größeren „Reifbildung“ führen, die das Rückstrahlungsvermögen des Mondes erhöht, was sich als anormale Helligkeit ja offensichtlich gleich nach der Finsternis bemerkbar macht. Doch dauert dies, wie man sieht, nicht lange an, denn bereits nach 15 Minuten ist der „Rauhreif“ wieder geschmolzen. Die Erklärung des Effektes klingt recht plausibel, wenn auch Temperaturschwankungen auf der Mondoberfläche selbst zu einer ähnlichen Erscheinung führen könnten. Das Experiment zeigt uns, wie genau man mit Hilfe der lichtelektrischen Photometrie das physikalische Verhalten der Monde heute zu erforschen vermag.

Einzeldaten. Zum Abschluß wollen wir sozusagen noch die Visitenkarten der vier großen Jupitermonde vorlegen: Jo (I) hat fast genau die gleiche Masse und eine etwas geringere Dichte wie unser Erdmond. Aus seiner Albedo, die 0,54 beträgt (vgl. S. 26), folgt, daß Jo ein verhältnismäßig hohes Rückstrahlungsvermögen aufweist, das für eine Oberfläche aus hellen Gesteinen sprechen könnte. Mit einer Helligkeit von 4,70 Größenklassen ist Jo der zweithellste der Jupitermonde. *Europa (II)* erweist sich als guter Reflektor. Die Masse des Mondes beträgt etwa $^2/_3$ der des Erdmondes, und seine Dichte 3,04 g/cm^3 bleibt unter der des Erdmondes (3,34 g/cm^3). Seine Helligkeit in mittlerer Opposition beträgt 5,17 Größenklassen. *Ganymed (III)* übertrifft an Masse den Erdmond gut um das Doppelte. Seine Dichte ist gering und beträgt mit 1,70 g/cm^3 weniger als die zweifache Wasserdichte. Er strahlt weit weniger Sonnenlicht zurück als die beiden ersten Monde; seine Oberfläche ist dunkel und von vielen schwarzen Flecken durchsetzt. Ganymed ist dennoch wegen seines großen Durchmessers der hellste der Galileischen Monde (4,53 Größenklassen). *Callisto (IV)* ist wohl der merkwürdigste der vier großen Monde. Er ist zwar verhältnismäßig groß, hat aber nur eine Masse, die wenig größer als die unseres Erdmondes ist. Erstaunlich ist seine geringe Dichte, die mit 1,44 g/cm^3 der des Wassers nahe kommt. Seine dunkle Oberfläche strahlt nur wenig des auffallenden Sonnenlichtes zurück. Aus Helligkeitsschwankungen darf man auf das Vorhandensein von Schattenwurf schließen. Dieser

Schatteneffekt ist besonders auf seiner „Vorderseite“ (im Sinne der Bahnbewegung) stärker ausgeprägt als auf seiner „Nachseite“. Möglicherweise liegt die Erklärung für dieses Verhalten darin, daß Callisto durch eine Staubwolke zieht, die mit einer geringeren Winkelgeschwindigkeit um Jupiter rotiert? Callisto ist der lichtschwächste der vier großen Monde (mittlere Oppositionshelligkeit = 5,46 Größenklassen). Wir erinnern hier an unsere Abb. 63, S. 128, die uns die Größenverhältnisse der Jupitermonde zeigt.

VIII. Saturn

Saturn war in der Vorstellungswelt der frühen Völker der letzte der Wandelsterne. Mit seinem Aufgang brachte der so unheimlich langsame Wanderer nach astrologischem Glauben zumeist Unheil mit sich. Es ist daher nicht verwunderlich, daß man, wie es älteste Überlieferung zeigt, seinen Weg an der Himmelssphäre eifrig verfolgte. Mit dei Erfindung des Fernrohres, die bald zur Entdeckung seiner Ringe führte, erlangte Saturn dann große Beachtung und Berühmtheit. Wer als Laie das erstemal den Planeten bei weit geöffnetem Ring und hinreichender Vergrößerung erblickt, zählt dieses Himmelsschauspiel zu seinen beglückendsten Erlebnissen.

Die Bahnbewegung. Für einen Umlauf um die Sonne benötigt Saturn 29,46 Jahre, schreitet also jährlich nur um rund 12° an der Himmelssphäre vorwärts. Um diesen kleinen Himmelsbogen zu durchlaufen, braucht die Erde (durchschnittlich) etwa 13 Tage, so daß sie den Planeten jedes Jahr etwa alle 378 Tage überrundet oder — so kann man auch sagen — es alle 378 Tage zur Opposition mit Saturn kommt. Dieses Zeitintervall ist die schon vielen frühen Völkern bekannte synodische Umlaufszeit Saturns. Der Umlauf erfolgt nahezu kreisförmig in einer mittleren Entfernung von 1428 Millionen Kilometern von der Sonne; das entspricht fast der zehnfachen Entfernung Erde—Sonne. Die verhältnismäßig geringe Exzentrizität der Bahn des Saturn von $e = 0{,}056$ bringt Schwankungen in der Sonnenentfernung im Betrage von nur rund 5,5 % mit sich. Von der Erde aus gesehen, also geozentrisch betrachtet, sind natürlich die Unterschiede seiner Entfernung im Laufe eines synodischen Jahres größer, sie betragen im Mittel in der Opposition 1197 Millionen Kilometer und in der Konjunktion 1656 Millionen Kilometer. So kommt es, daß sich der Planet dem Fernrohrbeobachter auch in verschiedener Größe darbietet, sein scheinbarer Durchmesser schwankt zwischen 15 und 23 Bogensekunden. Die Abb. 68, in der die Erdbahn so verkleinert wurde, daß sie in der Nordsee Platz fände, erläutert unsere Aus-

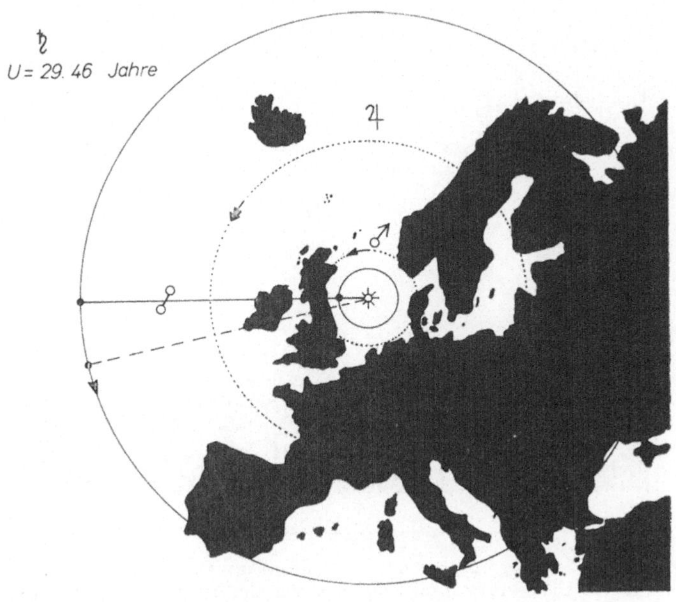

Abb. 68. Legt man die Erdbahn in die Nordsee, dann kreist Saturn durch Südspanien, Süditalien und das nördliche Skandinavien. In der Stellung ☍ = Opposition steht die Erde zwischen Sonne und dem Planeten. Die Bahnen von Mars ♂ und Jupiter ♃ sind als Punktkreise eingezeichnet

führungen. Ein weiteres Bild (Abb. 69) bringt eine Darstellung der langsamen Wanderung Saturns in den nächsten Oppositionen (1966—1973) unter den Sternbildern. Günstige Sichtverhältnisse bietet Saturn bei der Opposition des Jahres 1973. Er steht dann bei uns hoch am Himmel im Sternbild Zwillinge und sein Ringsystem erreicht, wie es die Skizze zeigt, seine weiteste Öffnung. Auf den Wechsel der Erscheinungen des Ringsystems kommen wir noch später zu sprechen.

Abplattung, Masse und Dichte. Bei der Fernrohrbeobachtung stellt man auf den ersten Blick fest, daß Saturn abgeplattet ist. Kein anderer Planet weist derartige Abplattung auf; während nämlich sein Durchmesser am Äquator 120800 km beträgt, ist der Poldurchmesser 12700 km kleiner. Die Abplattung p berechnet sich aus dieser Differenz dividiert durch den Äquatordurchmesser

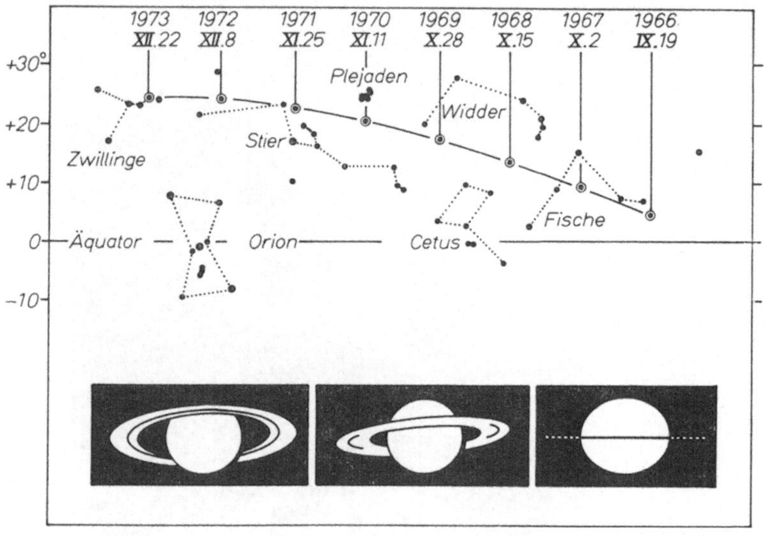

Abb. 69. Die Stellung Saturns unter den Sternen während seiner Opposition in den Jahren 1966—1973. Der Ring, wie man ihn im umkehrenden Fernrohr sieht, war Mitte 1966 unsichtbar, er öffnet sich im Laufe der Jahre und erscheint 1973 voll geöffnet

und wird somit $p = 1/9{,}5$. (Zum Vergleich: Die Abplattung der Erde beträgt $p = 1/297$.) Die Maßzahlen des Saturnglobus verraten uns, daß der Planet dem mächtigen Jupiter an Größe nicht viel nachsteht, wie dies auch unser Bild von den Planetengrößen zeigt (Abb. 9, S. 23). Die Masse Saturns aber ist weit geringer als die seines Nachbarn Jupiter. Der zumeist angenommene Wert der Masse geht auf Bestimmungen von F. W. Bessel zurück, die er 1833 aus Beobachtungen des Saturnmondes Titan bestimmte. Danach hat der Planet eine Masse, die der von 95,22 Erdmassen entspricht, das ist etwas weniger als ⅓ Jupitermasse. Aus der

Einwirkung, die Saturn auf Jupiter ausübt, fand man wohl mit etwas größerer Genauigkeit den Wert von 95,03 Erdmassen. Eine neue Bestimmung der Masse auf Grund der Bahnbewegungen der Monde Saturns ist in Angriff genommen. Die Dichte Saturns, die sich aus Masse und Radius berechnen läßt, ist im Vergleich mit Wasser nur 0,69. Diese überraschend geringe Dichte beträgt also nur knapp 13 % der unserer Erde; wir haben es also bei Saturn mit dem „flüssigsten" aller Planeten zu tun.

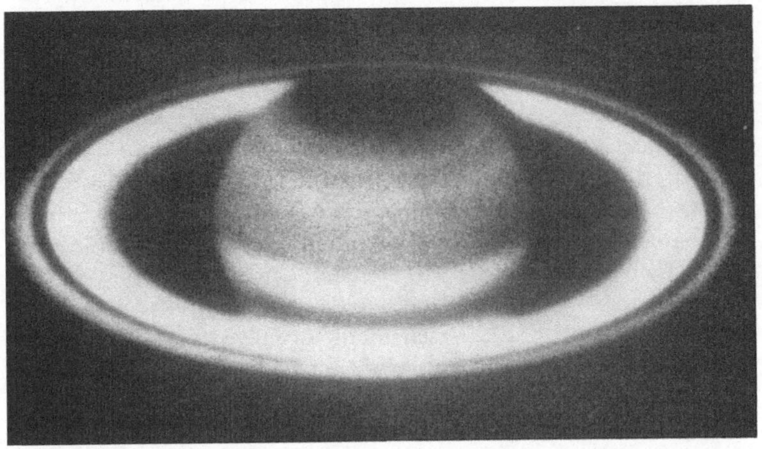

Abb. 70. Der Planet Saturn. Aufnahme Mt.-Wilson- und Mt.-Palomar-Observatorium. (Aus Bildstreifen „Sterne und Weltraum im Bild", Taschenbuch 3, Mannheim 1964)

Oberflächenerscheinungen und Rotation. Saturn zeigt im Fernrohr eine Bandstruktur, die in gewisser Weise der des Jupiters ähnelt. Jedoch sind die Bänder und Zonen, die man analog zu denen des Jupiters einteilt und bezeichnet, weit verwaschener. Hin und wieder treten Flecken in ihnen auf. Sie sind aber zumeist schlecht definiert und überdies kurzlebig, so daß man aus ihnen die Rotationszeit des Planeten keineswegs mit der hohen Genauigkeit ableiten konnte, die man bei Jupiter erreichte. Bereits 1794 bestimmte W. Herschel aus der fortlaufenden Beobachtung ungleich heller und dunkler Stellen in den Zonen eine Rotationszeit von 10^h16^m. Erst mit der Entdeckung größerer, plötzlich auftauchender weißer Flecke gelang es dann, die Rotationszeit der Saturnkugel mit guter Genauigkeit festzustellen. Danach beträgt die Rotation Saturns am Äquator 10^h14^m und nimmt bis zu etwa $\pm 40°$ Breite auf etwa 10^h41^m zu. Spektroskopische Untersuchungen, die bereits 1893 begannen, bestätigten die aus Oberflächenerscheinungen erhaltenen Rotationszeiten. Der erste hell leuchtende weiße Fleck, bei dem man den Eindruck hatte, als ob „glühende" Materie sich plötzlich aus dem Innern über die Planetenatmosphäre ergoß, wurde 1876 entdeckt. Ihm folgten in den Jahren 1903, 1933 und 1960 weitere derartig brilliante Erscheinungen, die zumeist mehrere Wochen lang sichtbar blieben. Gewöhnlich schien es so, als ob mächtige weiße Dampfwolken emporgeschossen waren, die sich bald verteilten, ausbreiteten und schließlich verflüchtigten. Man vermutet daher, daß bei dem Vorgang Gasmaterie von einem inneren Eruptionsherd — ähnlich wie bei einem Sicherheitsventil — hochgeblasen wird und dann in der sichtbaren Oberfläche des Planeten mit der rotierenden Strömung treibt. Es besteht auch die Möglichkeit, daß von außen her durch den Einsturz von Kleinstkörpern (Fels- oder Eisbrocken) aus dem innersten Kreppring die Erscheinung ausgelöst wird. Bei diesem Einsturz würde dann die Atmosphäre gewissermaßen aufgerissen und die Einsturzstellen erscheinen uns als helle weiße Wolken.

Physikalische Beschaffenheit. Das Spektrum des Planeten, das vom reflektierten Sonnenlicht herrührt, zeigt in der Hauptsache Absorptionslinien des Methans und Ammoniak, ähnelt also weitgehend dem des Jupiters, mit dem kleinen Unterschied, daß auf Saturn mehr Ammoniak und weniger Methan vorkommt. Aus theoretischen Erwägungen, die sich im wesentlichen auf den Anteil der auf Saturn einfallenden Sonnenstrahlung und der von ihm reflektierten Strahlung beziehen, errechnete man eine Oberflächentemperatur von $T = -160°C$. Der Wert steht in hinreichender Übereinstimmung mit der aus Infrarotstrahlungsmessungen ermittelten Temperatur von $T = -150°C$. Auch Radiostrahlung im Wellenlängengebiet von 3,4 cm ergab eine ähnliche Temperatur ($T = -168°C$), wobei allerdings noch ungewiß ist, ob nicht auch vom B-Ring des Planeten Strahlung ausgeht. Bei derartig geringen Temperaturen muß sich in der Atmosphäre der Ammoniakanteil zu Kristallen geformt haben, während Methan in Form von Gaswolken auftritt. Schon W. Herschel kam zu der Ansicht, daß Saturn eine mächtige Atmosphäre haben müsse. Er schloß dies aus dem verwaschenen Aussehen der Bandstruktur und aus Finsternisbeobachtungen der von ihm 1789 entdeckten Saturnmonde Mimas und Enceladus, die, wie er schrieb, „noch lange Zeit an der Scheibe hängen, ehe sie verschwinden". Die rasche Entwicklung der Spektralanalyse und vor allen Dingen auch die Aus-

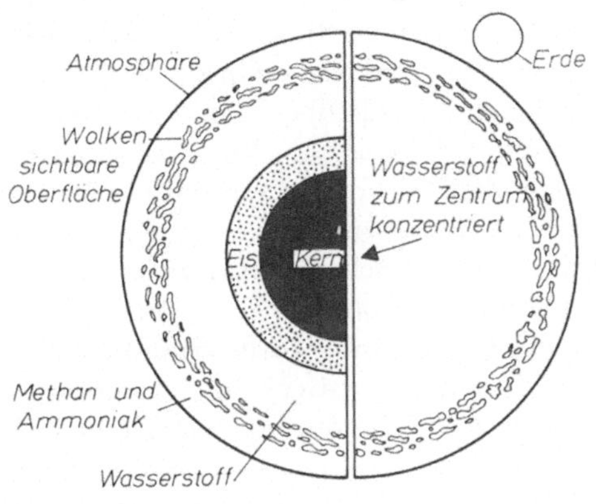

Abb. 71. Zwei Vorstellungen über den Aufbau des Saturn. Links das Kernmodell, rechts das Gasmodell. Oben zum Größenvergleich die Erdkugel. (Nach „Atlas of the Universe", London u. Edinburgh, 1961)

dehnung der Photographie auf eng beschränkte Wellenlängenbereiche im Ultraviolett und Infrarot führte zu zwei heute diskutierten Anschauungen über den Aufbau des Planetenkörpers. Wir wollen diese zwei Modelle durch die Abb. 71 erläutern. Das erste (links) geht von der Voraussetzung aus, daß der Planet zunächst von einer dichten Atmosphäre aus Wasserstoff und Methan umgeben ist, in der kristallisierte Ammoniakwolken treiben. Darunter liegt ein dicker Eismantel und schließlich im Innern ein fester Felskern. Beim zweiten, neueren Modell geht man von der Anschauung aus, daß die gesamte Planetenkugel, über der als Oberfläche die Methan- und Ammoniakhülle liegt, hauptsächlich aus Wasserstoff und Helium besteht, wobei die Materie zum Mittelpunkt hin zunehmend stark konzentriert ist. Bei diesen theoretischen Überlegungen mußte natürlich die bekannte äußerst geringe Dichte des

Saturn in Rechnung gestellt werden. Sie ist ja, wie wir beschrieben haben, so gering, daß der Saturnkörper in Wasser schwimmen würde.

Photometrische Untersuchungen. Die Helligkeit Saturns kann bei voll geöffnetem Ring etwa die 0. Größenklasse erreichen, kommt dann also der Helligkeit der hellen Fixsterne Wega und Arktur gleich. Bei verschwundenem Ring sinkt die Helligkeit um eine Größenklasse. Wenn man annimmt, daß der Ring aus einer Unzahl liliputanisch kleiner „Monde" besteht, dann müssen diese von der Sonne beleuchteten Ringpartikel sich gegenseitig beschatten und verdecken. Dadurch erfährt je nach der Stellung der Sonne (Lichtquelle) und des Erdbeobachters zu Saturn die Helligkeit des Gesamtsystems Saturn + Ring laufend Helligkeitsveränderungen. Steht aber Saturn in Opposition (die Verbindungslinie Sonne — Erde — Saturn ist dann eine gerade Linie), so nimmt der Erdbeobachter keinen Schattenwurf wahr und die Helligkeit des Planeten ist dann am größten. Diese von H. von Seeliger im Jahre 1884 entwickelte Theorie wurde dann durch sehr sorgfältige, sich über 14 Jahre erstreckende photometrische Messungen glänzend bestätigt. Reduziert man diesen Beleuchtungseffekt auf eine Einheitsentfernung, so erweist sich die Helligkeit Saturns bemerkenswert konstant. Dennoch zeigten sich ab und an unregelmäßige Lichtschwankungen im Betrage bis zu etwa ±0,3 Größenklassen. Möglicherweise stehen diese Lichtschwankungen im Zusammenhang mit dem Auftreten heller weißer Flecke, die einen Wechsel der Reflexionsfähigkeit des Planeten hervorrufen? Photographien in verschiedenen Farbbereichen ergaben weitere aufschlußreiche Ergebnisse. Im infraroten Licht zeigte die Planetenscheibe nur noch schwache Spuren der üblichen Bänderstruktur. Dagegen zeigten die gelb gefilterten Aufnahmen den gleichen Anblick der Oberflächenstruktur, wie er auch bei visueller Beobachtung hervortritt. Bei Blauaufnahmen schließlich war die meist helle Äquatorzone von einem dunklen Band durchzogen. Diese Unterschiede lassen sich vielleicht durch einen feinen Dunstschleier erklären, der von dem innersten Kreppring aus sich bis über die Saturnkugel ausbreitet. Es ist aber auch möglich, daß es sich hier um eine rein atmosphärische Erscheinung handelt, die durch gelb absorbierende Gase oder auch durch Dunstpartikel hervorgerufen wird?

Die Saturnringe. Entdeckung und frühere Beobachtungen. Als Galilei bei der überaus günstigen Opposition des Jahres 1610 im Juli sein Fernrohr auf den Saturn richtete, war er aufs höchste betroffen von dem merkwürdigen Anblick, den der Planet bot. Neben der wohl definierten Planetenscheibe erblickte er zwei „kleine Sterne", die den Saturn fast berührten. Diese Entdeckung Galileis ist ein Markstein in der langen Geschichte der Beobachtungen Saturns, denn der florentinische Gelehrte sah nicht nur das erste Mal den Planeten als Scheibe, sondern entdeckte auch am gleichen Tage die Ringe des Planeten, wenn auch sein unvollkommenes Fernrohr ihm noch nicht das uns vertraute Ringsystem zeigte. Die Entdeckung fiel unglücklicherweise in eine Zeit, als der Ring nur knapp geöffnet war und sich anschickte zu verschwinden. „An die tausendmal habe ich den Saturn dann beobachtet", schrieb Galilei, „und kann versichern, daß ich keine Änderungen wahrnahm." Galilei mußte daher zu der Annahme kommen, daß es sich bei den Sternkugeln um zwei stationäre Satelliten Saturns handelte. Zunächst gab sich Galilei mit dieser Erklärung zufrieden, als er dann aber zwei Jahre später wieder Saturn in das Gesichtsfeld seines Fernrohres brachte, war er geradezu bestürzt, keine Spur von den Begleitern zu finden. An Markus Welser in Augsburg schrieb er: „Saturn hat seine Kinder verschluckt, was soll man von dieser seltsamen Verwandlung halten? War es Illusion und Trug was mir die Linsen meines Sehrohres früher vortäuschten — aber nicht nur mir allein, sondern vielen anderen Leuten, die mit mir beobachteten?" Doch die Furcht, daß die früher beobachtete Form vielleicht durch den optischen Mangel des Fernrohres entstanden sei, war unbegründet. Wir wissen heute, daß in den Jahren 1612/13 der Ring praktisch unsichtbar wurde, Galilei konnte ihn also nicht sehen. Doch bereits 1614 zeigte sich der Ring wieder, wenn auch schmal und Chr. Scheiner sah in Ingolstadt Saturn, an dem zwei Henkel zu kleben schienen. Saturnszeichnungen der Beobachter des 17. Jahrhunderts, von denen wir in Abb. 72 drei bringen, zeigten immer wieder andere Formen und gaben Anlaß zu rechter Verwirrung und auch scharfen Meinungsverschiedenheiten.

Erst 1655 löste Chr. Huygens das Rätsel um die veränderlichen Gestalten der Lichterscheinungen mit der berühmten zunächst in Form eines Anagramms veröffentlichten Aussage: „Annulo cingitur tenui, plano, nusquam cohaerente, ad eclipticam inclinato“. (Er wird von einem dünnen, ebenen, nirgends (mit Saturn) zusammenhängenden, gegen die Ekliptik geneigten Ringe umgürtet). Diese kurze genaue Beschreibung erarbeitete Huygens aus allen ihm damals zugänglichen Saturnszeichnungen. Diese Untersuchung ermöglichte es ihm, eine Erklärung der zunächst verwirrend erscheinenden Phasen im Laufe einer 29 ½jährigen Saturnsumkreisung um die Sonne zu geben.

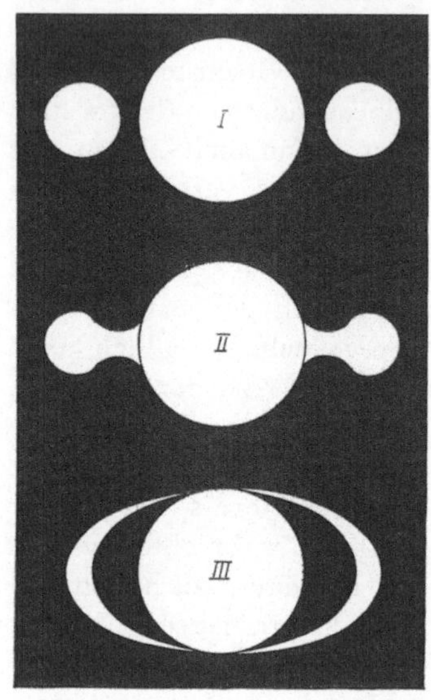

Abb. 72. Saturnsbeobachtungen aus dem 17. Jahrhundert. *I* = G. Galilei (1610); *II* = Chr. Scheiner (1614); *III* = J. B. Riccioli (1649). Im Jahre 1612/13 war der Ring unsichtbar und 1649 voll geöffnet

Die geozentrische Erscheinung des Ringsystems. Die Ursache des Phasenverlaufs des Ringsystems vom Verschwinden bis zur weiten Öffnung des Ringes soll kurz durch unsere Abb. 73 Erklärung finden, die an Huygens Theorie anknüpft. Die beiden Ellipsen stellen die Erd- und Saturnbahn dar. Die Saturnkugel — schematisch stark überzeichnet — ist an vier Stellen ihrer Bahn eingezeichnet. Die Zeichnung zeigt, daß die Ringebene konstant unter einen Winkel von rund 27° gegen die Ekliptik geneigt ist. Steht nun der Planet in den Orten I und III, so geht die verlängerte äußerst dünne Ringebene durch die Sonne, kehrt also dieser ihre Kanten zu. Das Ringsystem bleibt dann unsichtbar oder kann höchstens in stärkeren Fernrohren als äußerst feiner Strich gelegentlich sichtbar sein. Wie es aus der Abbildung ersichtlich ist, tritt dies zweimal bei jeder Saturnkreisung um die Sonne (29,46 Jahre) ein. Wandert nun der Planet von I nach II oder von III nach IV, so erscheinen uns in den Positionen II und IV die Ringe am weitesten geöffnet. Wir erblicken dann in der Stellung II gewissermaßen von unten her die Südfläche des Ringes, während wir in der Stellung IV auf die geöffnete Nordseite schauen. Die Verhältnisse beim Verschwinden des Ringes sind insofern komplizierter, weil die verlängerte Ringebene, also die Kante des Ringes auch durch die Erde geht. Doch spielt sich diese Art des Verschwindens der Ringe innerhalb von 4 bis 5 Monaten vor oder nach den Zeiten ab, zu denen auch die Ringebene durch die Sonne

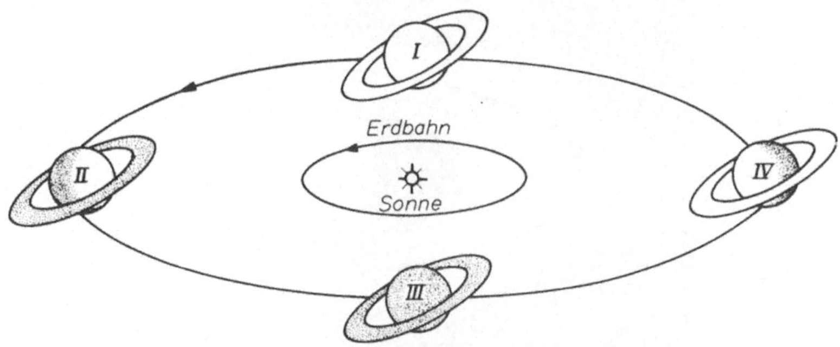

Abb. 73. Die Erscheinungen der Saturnringe

geht. Wir wollen diese etwas verwickelten Verhältnisse hier nicht näher erläutern. Doch sei kurz bemerkt, daß in einem Zeitraum von rund 9 bis 10 Monaten der Ring bis zu dreimal völlig unsichtbar werden kann. Dazwischen sieht der Erdbeobachter mal die Nordfläche mal die Südfläche allerdings höchstens mit einer Öffnung bis zu etwa 3 Grad. Der Wechsel der Ringphasen vollzieht sich im Laufe einer 29 ½jährigen Saturnkreisung, doch sind die Zwischenzeiten der Passagen der Sonne durch die Ringebenen ungleich lang, wie dies die Tabelle 4 zeigt.

Aufbau und Dimensionen des Ringsystems. Einen Überblick über den Aufbau und die Dimensionen des Ringsystems vermittelt uns Abb. 74. Ohne hier auf mancherlei Feinheiten einzugehen, die man unter günstigen Beobachtungsbedingungen im Saturnring beobachtete, darf man sagen, daß das Ringsystem im wesentlichen aus drei Hauptringen besteht: Man nennt den äußersten den A-Ring, den sich anschließenden B-Ring und schließlich den innersten dunkelsten C-Ring. Zwischen dem A-

und B-Ring liegt die von Cassini 1675 entdeckte Teilung, die sich mit starken Fernrohren bei guten Luftverhältnissen rings herum als Trennungslinie erkennen läßt. Es handelt sich hier wirklich um eine Teilung der Ringe, also eine Leere, ein Loch, durch das man den dunklen Himmel sieht. Als zufällig Saturn mit seinen

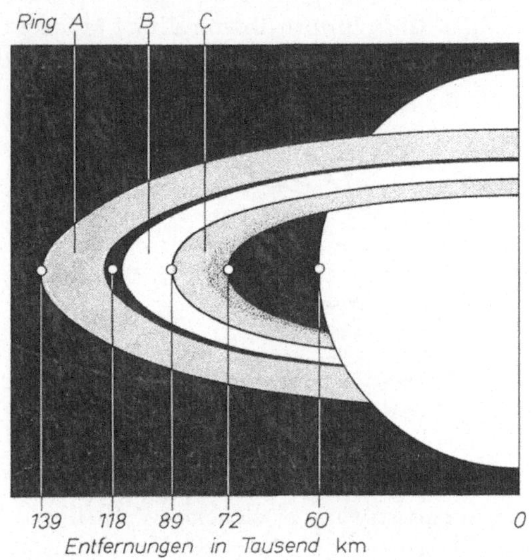

Abb. 74. Das Ringsystem Saturns. Zwischen dem A- und B-Ring liegt in einer mittleren Entfernung von rund 118000 km vom Mittelpunkt des Planeten die Cassinische Teilung, deren Breite um 3000 km beträgt. (Entfernungen nach W. Rabe)

Ringen über einen helleren Stern zog — der Vorgang dauerte etwa 2 1/4 Stunde — sah man den Stern ohne jede Abschwächung durch die Cassinische Teilung ziehen. Der innerste matte C-Ring wurde zuerst von J. Galle in Berlin gesehen, er ist halbdurchsichtig, so daß man bei geeigneten Stellungen die Ränder der Saturnskugel durchschimmern sieht. Frühere Beobachter hatten den Eindruck, als ob ein Kreppschleier sich innerhalb des inneren B-Ringes ausbreitete, was ihm den oft gebrauchten Namen Kreppring einbrachte.

Über die Durchsichtigkeit der Ringe liegen mehrere sich allerdings in manchen Punkten wiedersprechende Beobachtungen, die man bei verschiedenen Sterndurchgängen erhielt, vor. Danach ist der hellste Haupt- oder B-Ring nahezu undurchsichtig, doch wurden die durch den Ring gehenden Sterne nicht immer völlig ausgelöscht und funkelten zuweilen heller auf. Der äußere A-Ring ist etwas durchsichtiger, während der Kreppring sich als halbdurchsichtig erwies, als 1889 der Saturnmond Japetus in diesen tauchte. Die Durchsichtigkeit der Ringe läßt darauf schließen, daß die Ringscheibe äußerst dünn sein muß. Dafür sprechen auch

Tabelle 4. *Zeiten des Durchganges der Sonne durch die Ringebene*

Datum	Sonne geht nach	Zwischenzeiten
1907 Jul. 27	Süd	
		13,70 Jahre
1921 Apr. 9	Nord	
		15,72 Jahre
1936 Dez. 28	Süd	
		13,73 Jahre
1950 Spt. 21	Nord	
		15,72 Jahre
1966 Jun. 15	Süd	
		13,70 Jahre
1980 Fbr. 25	Nord	

die Beobachtungen um die Zeiten, zu denen der Erdbeobachter genau auf seine Kanten schaut. Während die ersten Beobachter die Dicke des Ringes auf etwa 425 km schätzten, gingen die Angaben über die Ringdicke im Laufe des 19. Jahrhunderts auf etwa 80 km zurück; heute nimmt man an, daß der Ring nur eine Dicke von rund 15 km hat. Außer der Cassinischen Teilung hat man noch verschiedene andere Dunkelteilungen zwischen den helleren Ringpartien gesehen. So fand im Jahre 1837 F. Encke im äußeren A-Ring die nach ihm benannte Enckesche Teilung. Doch handelt es sich bei dieser und manchen anderen Teilungen um keine ausgesprochenen Durchblicke. Ihr Vorhandensein spricht aber für die recht unterschiedliche Zusammenballung der Ringmaterie.

Die Helligkeit des Ringsystems. Eine von B. Lyot mit dem 60-cm-Refraktor der Hochstation des Pic du Midi nach Beobachtungen unter günstigsten Sichtbedingungen zusammengestellten Zeichnung darf man als eine der besten Darstellungen der Helligkeitsverteilung im Ringsystem Saturns bezeichnen (Abb. 75). Wir erkennen, daß der A-Ring zunächst eine helle Kante hat, an die sich als schwarzer Ring ein ausgeprägtes Minimum anschließt. (Beim Durchgang eines Sternes durch diese Lücke leuchte er etwa 5 Sekunden lang auf.) Es folgt dann ein hellerer Ringteil und drei weite verschwommene Minima. Zum Teil überlagern sie sich und rufen in ihren mittleren Teilen die als Enckesche Teilung bezeichnete Lichtminderung hervor. Ehe dann der A-Ring in die Cassinische Teilung übergeht zeigt er nochmals eine helle Zone. Der B-Ring ist der hellste, auch er schließt innen mit einer hellen Partie ab. Zwischen dem inneren B-Ring und dem dann folgenden Kreppring liegt wieder eine Lücke, die etwa halb so breit wie die Cassinische Teilung ist. Unter der Zeichnung von Lyot haben wir eine von A. Dollfus aus vielen Beobachtungen, Photographien und Mikrometermessungen erarbeitete Lichtkurve der Profile des Ringsystems gesetzt. Sie bestätigt in hervorragender Weise die von Lyot dargestellte Lichtverteilung im Ringsystem.

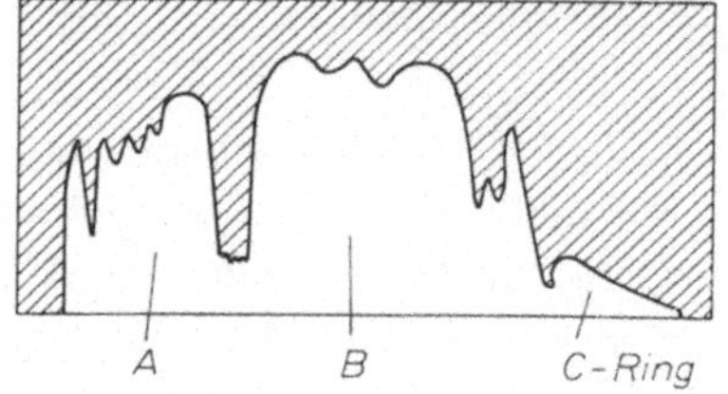

Abb. 75. Oben: Zeichnung des Ringsystems Saturns von B. Lyot; 60-cm-Refraktor des Observatoriums Pic du Midi. (Aus „Planets and Satellites", The Solar System III, Chicago 1961.) Unten: Die Helligkeit im Ringsystem, nach A. Dollfus

Einfluß der Satelliten auf die Ringmaterie. Die räumliche Verteilung der zwischen Mars und Jupiter kreisenden Planetoiden zeigt Anhäufungen und Lücken, die nach der von D. Kirkwood zuerst entwickelten Theorie dem störenden Einfluß Jupiters zuzuschreiben sind. (Vgl. Abb. 45 S. 96.) Eine ähnliche Theorie der Kommensurabilität hat Kirkwood (1867) auf die Partikel des Saturnrings angewandt. Als störende Körper treten dabei die inneren Monde Saturns auf, die nahezu in der Ebene des Ringes kreisen, und deren Massen im Vergleich zu denen der Ringpartikel verhältnismäßig sehr groß sind. Ringteilchen, deren Umlaufzeiten $^1/_2$ der des Mondes Mimas, $^1/_3$ der des Enceladus, $^1/_4$ der der Tethys und $^1/_6$ der der Dione haben, werden ständig (täglich) von dem einen oder anderen der Satelliten gestört und von ihnen in bevorzugte Bahnen geworfen. Die Ringteilchen, deren Umlaufzeiten (s. nächsten Abschnitt) von außen nach innen abnehmen, ballen sich durch diese Einwirkung an bestimmten Stellen zusammen, und es kommt andererseits zur Bildung von Leeren oder Teilungen. Kirkwoods Theorie gab eine glänzende Bestätigung für die Existenz der Cassinischen Teilung, in der die Rotation der Partikel etwa 11,3 Stunden betragen sollte. Dies entspricht nahezu genau der Hälfte der Umlaufszeit von Mimas und zugleich $^1/_3$ der des Enceladus. Weiter entspricht die Grenzzone zwischen B-Ring und Kreppring einer Umlaufsperiode von $^1/_3$ der des Mondes Mimas und schließlich liegt die Enckesche Teilung bei $^3/_5$ des Mimas Umlaufes. Nach weiteren theoretischen Überlegungen darf man annehmen, daß Mimas einst den Raum um sich herum bis zur äußersten Kante des A-Ringes von Partikeln „säuberte". Der Einwirkung von Dione ist es weiterhin zuzuschreiben, daß der Raum zwischen dem inneren Kreppring bis zur Saturnkugel wohl praktisch frei von Partikeln ist. Ferner könnte die Zone zwischen dem inneren Teilen des B-Ringes und dem Beginn des Kreppringes von Mond V (Rhea) verursacht sein.

Natur und Bewegung der Ringmaterie. Cassini sprach bereits 1715 die Vermutung aus: „als ob dieser Ring aus einer Menge nahe beieinander befindlichen Satellitum, als wie die Milchstraße aus unzähligen Fixsternen bestünde." Doch fand diese Ansicht zunächst wenig Glauben; man stellte sich vielmehr zunächst den Ring entweder als solide Scheibe oder auch flüssig vor. Aber J. C. Maxwell zeigte bald überzeugend, daß beide Annahmen unvereinbar mit der Forderung nach Stabilität des Systems seien. Dagegen war es durchaus denkbar, daß ein Ringsystem sehr kleiner Masse, das aus unzähligen kleinsten Partikeln besteht, stabil bleiben kann. Die Masse des Ringsystems ist tatsächlich äußerst gering und dürfte nur rund $^1/_{27\,000}$ der Saturnsmasse betragen, womit theoretisch die Forderung nach Stabilität des Systems erfüllt ist.

Ganz abgesehen von der erwähnten Tatsache, daß ein fester oder flüssiger Ring bei der geringsten störenden Einwirkung auseinanderbrechen müßte, spricht die beobachtete Helligkeit und Reflexionsfähigkeit der Ringe dafür, daß sie die theoretischen For-

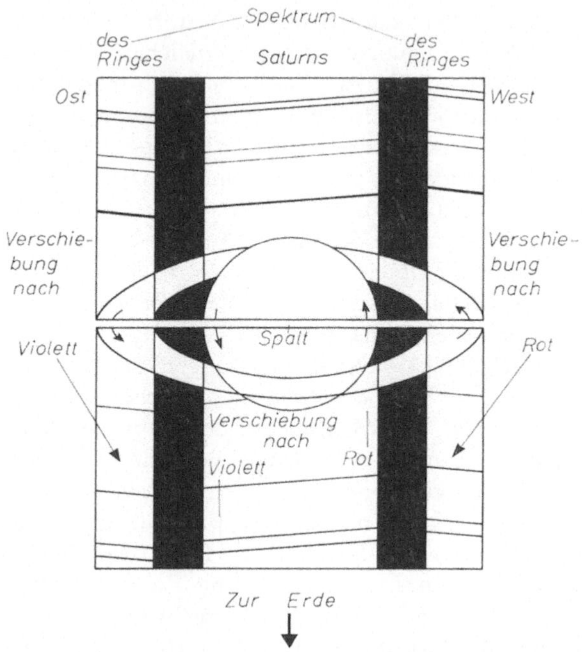

Abb. 76. Die Linienverschiebung als Rotationseffekt im Spektrum Saturns und seiner Ringe. Der hier dem Saturn unterlegte Ausschnitt des Linienspektrums ist maßstabgerecht nach einem Original-Spektrogramm (Lick Observatorium, 1964) gezeichnet. Die „Neigung" der Ringspektren ist schematisch etwas überzeichnet

derungen über die Beleuchtung und den Schattenwurf kleinster Partikel erfüllt.

Einen überzeugenden Beweis für die Annahme eines aus Kleinstkörpern bestehenden Ringes erhielt man aus den von J. E. Keeler in Gang gebrachten spektrographischen Untersuchungen, die nun klar zeigten, daß sich die Partikel in verschiedenen Teilen des Ringsystems nach den Keplerschen Gesetzen bewegten. Bei diesen und späteren Untersuchungen wurden der Spalt des Spektrographen parallel zum Äquator des Planeten und zugleich über die Ringebene gelegt, wie dies unsere Abb. 76 zeigt. In der Abbildung haben wir der Planetenscheibe und dem Ringsystem ein Teilstück eines Linienspektrums unterlegt, das also vom reflektierten Sonnenlicht herrührt. Betrachten wir zunächst die Saturnkugel, so bewegt sich infolge ihrer Achsendrehung die linke östliche Kugelseite auf die Erde zu. Infolge des Doppeleffektes weisen die Linien im Spektrum eine Verschiebung nach Violett hin auf. Dagegen bewegt sich die linke westliche Hälfte Saturns von uns fort, die Linienverschiebung geht hier nach Rot hin. Aus der Vermessung dieser Verschiebung im Spektrum läßt sich dann die Geschwindigkeit auf uns zu oder von uns fort berechnen.

Betrachten wir die Spektren der Ringe, so zeigen diese in den östlichen Ringpartien eine Violettverschiebung, während die westlichen Teile nach dem roten Teil des Spektrums verschoben sind. Man erkennt aus der Neigung der Spektrallinien, daß die äußeren Teile des Ringes eine geringere Geschwindigkeit wie die inneren aufweisen. Der Saturnring kann also kein festes Gebilde sein, sondern besteht aus einer Unzahl von Kleinstkörpern, die mit unterschiedlicher Geschwindigkeit rotieren. Und zwar außen langsamer (Rotationszeit etwa $14\frac{1}{2}^h$) und innen schneller (R = um 7^h). Die Albedo des Ringes entspricht im ganzen gesehen etwa der von Schnee, ist also höher als die der Saturnscheibe. Man darf daher annehmen, daß die Ringpartikel aus Eisbrocken oder bereiften Felsblöcken bestehen.

Die Entstehung des Ringes. Eine Theorie über die Entstehung des Ringes geht von der Annahme aus, daß die Ringteile Reste eines zerbrochenen Mondes sind, Er befand sich nach dieser Theorie innerhalb der durch Gezeiteneinwirkung gefährdeten Zone Saturns in Bildung. Doch ehe es dazu kam, wurde er im Raum des heutigen Ringes in Stücke gerissen. Nach der Theorie kann sich nämlich ein Saturnmond innerhalb einer „Gefahrenzone", deren Grenze bei dem 2,44fachen des Saturnradius liegt, nicht halten, die Gezeitenkräfte würden ihn hier zerbersten lassen. Der innerste Mond Mimas liegt mit einer Entfernung von 3,1 (in Einheiten des Radius von Saturn) sozusagen grade noch außerhalb der Gefahrenzone, während der äußerste Teil des Ringes mit einer Entfernung von 2,3 sich mit dem gesamten Ringsystem tatsächlich innerhalb der Zone der Instabilitätsbedingung befindet.

Die Saturnmonde und ihre Entdecker. Saturn hat eine Schar von 9 Monden um sich versammelt. Bei dem großen Interesse, das Saturn durch die Entdeckung seines Ringes auf sich lenkte, ist es nicht verwunderlich, daß bereits 1655 Huygens den ersten und größten Mond Titan entdeckte. Noch im gleichen Jahrhundert konnte Cassini die Entdeckung von vier weiteren Monden melden. Die übrigen Satelliten Saturns wurden 1789 von W. Herschel (2 Monde), 1848 von W. C. Bond und schließlich 1898 von W. H. Pickering entdeckt. Eine systematische Suche nach weiteren Monden wurde 1948-1950 durchgeführt, wobei die Grenzgröße für den inneren Suchraum bis nahe zum Ring etwa bei der 16. Größe und in der weiteren Umgebung bei der 19. bis 20. Größenklasse lag. Es wurde kein weiterer Mond gefunden. Man hat errechnet, daß ein hypothetischer Mond mit einer Albedo von 0,2, der in mittlerer Opposition die Helligkeit 19. Größe hat, einen Durchmesser von etwa 40 Kilometer besitzen müßte. W. H. Pickering glaubte 1905 einen zehnten Mond, den man Themis nannte, entdeckt zu haben. Seine Existenz konnte jedoch später nicht bestätigt werden, obwohl von dem Objekt damals Spuren auf 15 photographischen Aufnahmen gefunden wurden. Vermutlich handelte es sich um einen kleinen Planeten, der sich in die Nähe Saturns „verirrt" hatte — natürlich nur scheinbar — und an der Bewegung des Planeten teilzunehmen schien. Die Monde Saturns haben im Gegensatz zu denen Jupiters alle Namen erhalten, die der griechischen Mythologie entnommen sind. Als Huygens dem von ihm entdeckten ersten Mond Titan taufte, wählte man für die folgenden Monde Namen aus dem zweiten Göttergeschlecht der Titanen oder nannte sie nach Riesen.

Die Welt der Monde. Wir wollen zunächst mit einem Schaubild (Abb. 77) die ersten 7 Monde vorstellen. Da diese bis auf Hyperion eine geringe Exentrizität aufweisen, haben wir ihre Bahnen in Aufsicht von oben kreisförmig gezeichnet. Nehmen wir den äußerst seltenen aber immerhin im Bereich der Wahrscheinlichkeit liegenden Fall an, daß zu irgendeinem Zeitpunkt x alle auf einer geraden Verbindungslinie S-S stehen, wie wir es gezeichnet haben. Betrachten wir diese Linie als Startbahn, so zeigt uns unsere Abbildung einen hier beginnenden Wettlauf der 7 Monde und unterrichtet uns damit zugleich über ihre unterschiedlichen Revolutionszeiten. Während nämlich Mimas (I), der innerste der Monde einen Umlauf ausgeführt hat, sind die

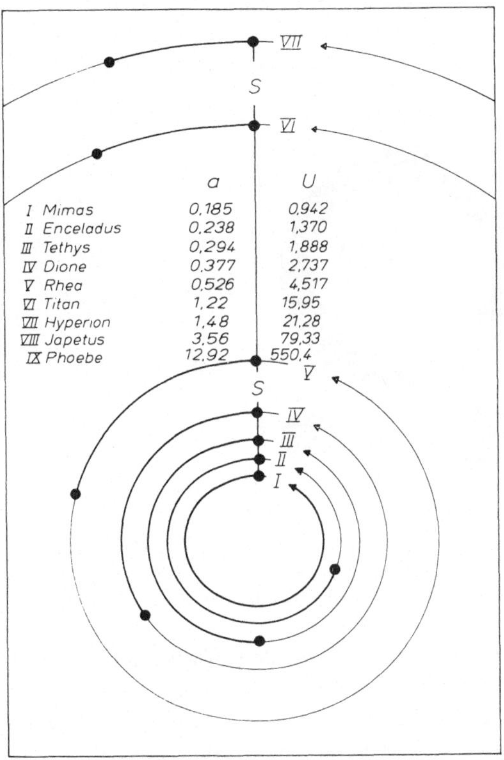

Abb. 77. Entfernungen und Umlaufszeiten der ersten 7 Monde Saturns. *a* = Entfernung vom Mittelpunkt des Planeten in Millionen km. *U* = Umlaufszeit in Tagen

anderen Monde jeweils nur auf ihren stärker hervorgehobenen Kreisbögen vorwärts gekommen. Die beiden äußersten Monde, Japetus und Phoebe, mußten wir von dem Rennen ausschließen, ihre Bahnen lägen so weit entfernt, daß sie einfach den Rahmen unserer Abbildung gesprengt hätten. Interessant ist die sogleich auffallende Feststellung, daß die Umlaufszeit von Mimas (I) fast genau die Hälfte der von Tethys (III) und die von Enceladus (II) wiederum die Hälfte von der Dione (IV) beträgt. Unsere in die Abb. 77 gesetzte Tabelle vervollständigt mit einigen weiteren Daten das Bild der Saturnmonde.

Größenverhältnisse, Massen und Dichten. Bei Aussagen über die Größenverhältnisse der Monde sind wir zum Teil auf Schätzungen angewiesen. Die Darstellung der Mondscheiben in

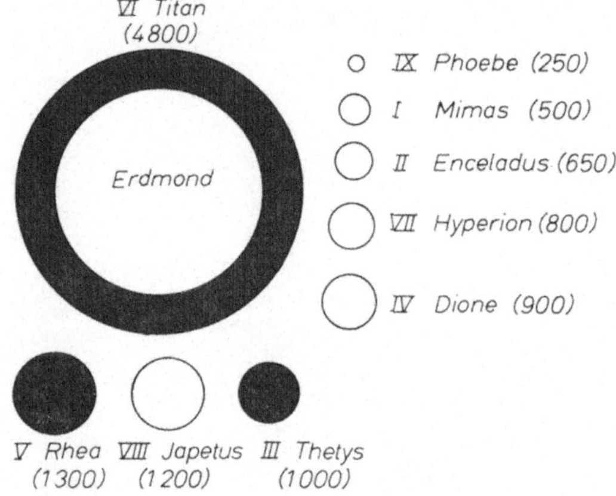

Abb. 78. Die Größenverhältnisse der Saturnmonde. (Durchmesser in km.) Offene Kreise z. T. recht unsicher. Die Zahlen bei den Monden geben die Rangfolge ihrer Entfernungen vom Planeten an

Abb. 78 gibt daher nur der Größenordnung nach die Maßverhältnisse wieder, wobei für die voll gezeichneten Monde genauere Bestimmungen vorliegen. Die Bestimmung der Massen stößt auf größere Schwierigkeiten. Es galt dabei aus langjährigen mühevollen Beobachtungen feine Veränderungen der Bahnformen der Monde festzustellen, die etwa durch gegenseitige störende Einwirkung zweier Monde sich einstellen. Die theoretische Auswertung ergab dann z. B. im System Hyperion-Titan mit hinreichender Genauigkeit für die Masse des größten Mondes Titan den knapp zweifachen Wert der Erdmondmasse. Für die vier inneren Monde hat man die Masse theoretisch abschätzend berechnet und fand, daß sie von innen nach außen zunehmen und bei Mimas etwa $^1/_{2000}$, bei Rhea $^1/_{32}$ der Masse des Erdmondes betragen. Die Dichten, zu deren Berechnung man dann die zum Teil recht ungenauen Durchmesserbestimmungen einsetzen muß, betragen bei den drei innersten Monden vielleicht zwischen 0,5 bis 1 des Wassers, während die dann folgenden Monde bis Titan eine Dichte von etwa 2 g/cm³ haben dürften. Wie nochmals betont werden muß, gründen sich alle hier mitgeteilten Daten auf schwierige Beobachtungen und mathematisch theoretische Interpretation, sie sind daher ungenau.

Natur und Entstehung der Monde. Die Monde Saturns sind alle recht lichtschwach und nur Titan, der ja an Größe alle überragt, kann mit einer Helligkeit von 8,4 Größe schon bequem mit kleineren Fernrohren gesehen werden. Die anderen 8 Monde werden dann, fast ihren Durchmessern entsprechend immer schwächer. Das Reflexionsvermögen ist bei allen Satelliten Saturns recht hoch und gleicht etwa dem von neu gefallenem Schnee. Vielleicht bestehen die Monde überhaupt durch und durch aus Eis, so daß man sie gewissermaßen als gigantische Schneebälle bezeichnen darf. Für eine solche Vermutung spricht auch die Theorie von der Entstehung der inneren fünf Monde, die ja, wie es nochmals ein Blick auf unsere Abb. 77 zeigt, im inneren planetennahen Raum kreisen. Nach der Theorie war ehemals dieser Raum von einer weit ausgedehnten mit kleinsten Partikeln durchsetzten Atmosphäre Saturns erfüllt, die sich also wie ein großer scheibenförmiger Ring um den Planeten legte. Durch stärkere Abkühlung kam es dann zur allmählichen Verdichtung und Ballung der gefrorenen Satellitenkörper. Im Raum aber, den heute die Eispartikel des Ringsystems einnehmen — wir nannten ihn die „Gefahrenzone" — konnte sich kein stabiler Körper bilden (vgl. die Entstehung des Ringsystems S. 151).

Titan und Japetus. Besonderes Interesse verdienen noch die Monde Titan und Japetus. Titan, der Riese unter den Monden zeigt sich in größeren Fernrohren bereits als Scheibe, auf der man mit über 1000facher Vergrößerung Oberflächeneinzelheiten wahrnehmen konnte. Im Jahre 1943/44 entdeckte G. P. Kuiper bei spektroskopischen Untersuchungen auf Titan das Vorhandensein von Methan und wohl auch Spuren von Ammoniak. Diese Entdeckung stellt den seltenen Fall dar, bei dem eine Atmosphäre auf einem Mond des Sonnensystems nachgewiesen werden konnte.

Titans Atmosphäre hat Ähnlichkeit mit der Saturns und man darf den Planeten von kosmogonischer Sicht aus sozusagen als den Vater des Mondes bezeichnen. Titan ist also sicherlich nicht, wie man auch vermutete, von Saturn in der Rolle eines Pflegevaters eingefangen worden.

Japetus, der von Cassini 1671 entdeckt wurde, zeigte ein recht rätselhaftes Verhalten. Der neue Mond verlosch nämlich anscheinend bald nach seiner Entdeckung wieder, um dann nach einigen

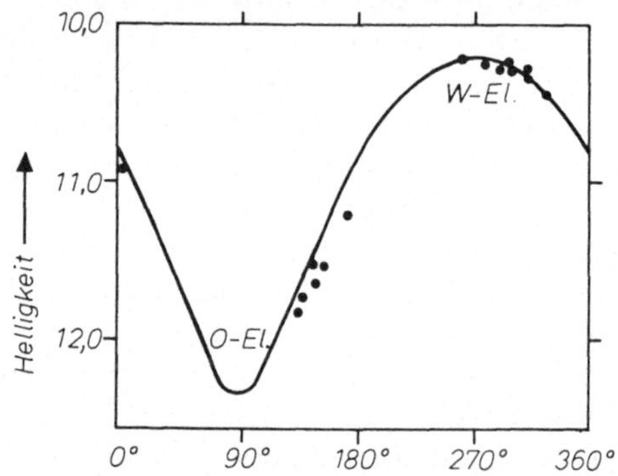

Abb. 79. Japetus ändert sein Licht im Turnus seines 80tägigen Umlaufes. Nach Beobachtungen von Th. Widorn (ausgezogene Kurve, 1950) und des McDonald-Observatoriums (Punkte, 1951/52). *W-El.* bzw. *O-El.* = größte westliche bzw. östliche Elongation

Wochen wieder aufzuleuchten. Ein Bild dieser Lichtveränderung zeigt unsere Abb. 79. Japetus erwies sich also als veränderliches Objekt und in der Tat zeigt der drittgrößte Mond Saturns einen verhältnismäßig großen Lichtwechsel von fast 2 Größenklassen. Es ist erstaunlich, mit welchem Scharfsinn bereits Cassini, der als Entdecker und geübter Beobachter bei der Erforschung im Planetensystem so vielseitiges Geschick bewies, die Ursache der sich während eines Umlaufes abspielenden wechselvollen Lichterscheinung erkannte. Wenn nämlich, so folgerte er, die Oberfläche des Japetus ähnlich wie bei der Erde etwa aus Land und Meer bestünde, dann müssen diese so verschiedenen Oberflächengebiete die einfallende Sonnenstrahlung auch unterschiedlich hell reflektieren. Wenn nun weiter Japetus sich in der gleichen Zeit um seine Achse dreht, die er auch für seinen fast 80tägigen Umlauf benötigt, dann wird damit das Spiel des Lichtes vom Verschwinden bis zum hellen Aufleuchten erklärlich.

Ähnlich wie bei den Jupitermonden kann es auch bei denen Saturns zu Vorübergängen, Schattendurchgängen und Verfinsterungen kommen. Doch sind diese Erscheinungen wegen der Lichtschwäche der Satelliten nicht nur schwierig zu beobachten, sondern auch recht selten. Man kann sie nämlich nur etwa 2 Jahre vor oder nach den Epochen „Ringkante weist auf die Erde" beobachten.

IX. Uranus

Die Geschichte der Entdeckung des Planeten ist für immer mit dem Namen Friedrich Wilhelm Herschel (1738—1822), einem großen Musiker, einem geschickten Instrumentenbauer und einem der größten Astronomen seiner Zeit verknüpft. Jahrtausende hindurch wußten die Weisen, die Priesterastronomen und die Sternkundigen, die den nächtlichen Himmel durchforschten, nur von der Existenz fünf großer Planeten zu berichten, die mit der Sonne und dem Mond eine Welt der sieben Wandelsterne bildeten. Niemals kam den alten Philosophen der Gedanke, daß diese Kreise der heiligen Sieben noch Raum für einen weiteren Wandelstern haben könnten. Später, als die Lehre des Kopernikus sich mehr und mehr ausbreitete, äußerte dann Kepler wohl als erster die noch vage Ansicht, daß ein Planet zwischen Mars und Jupiter kreisen könnte. Dieser Gedanke lebte erneut auf, als in der Titius-Bodeschen Reihe (im Jahre 1772, vgl. S. 87) ein Planet offensichtlich zwischen Mars und Jupiter fehlte. Die Grenzen des Planetensystems aber, so glaubte man zumeist felsenfest, bildete der Planet Saturn.

Die Geschichte der Entdeckung. Großes Aufsehen erregte in der wissenschaftlichen Welt die Mitteilung, daß Herschel, der Organist von Bath, am 13. März 1781 einen sechsten Planeten jenseits der Bahn des Saturn entdeckt habe. Man hat manchmal die Ansicht geäußert, Herschel habe viel Glück mit seiner vom Zufall begünstigten Entdeckung gehabt, 20 Jahre später, als die Zeit der Planetenjäger anbrach, wäre Uranus ja doch bestimmt sofort entdeckt worden. Doch das Glück fällt den Astronomen nicht so leicht in den Schoß, man muß es sich zumeist hart verdienen! Und das war bei Herschel der Fall. Er, der wie er selbst einmal sagte, nichts guten Glaubens hinnahm, sondern alles selbst mit seinen eigenen Augen sehen wollte, hatte zu dieser Zeit bereits drei gut geratene Spiegelteleskope gebaut. Mit diesen durchmusterte er wechselweise den Sternenhimmel, wobei er Stern für Stern, Hunderte, Tausende durch das Gesichtsfeld des Instrumentes laufen ließ und sorgfältig jede Besonderheit notierte. Meist kam es ihm darauf an, den gegenseitigen Abstand von Doppelsternen zu bestimmen. Von den Beobachtungen, die Herschel in der Nacht des 13. März 1781 machte, schreibt er selbst:

„Als ich die schwachen Sterne in der Nachbarschaft von η Geminorum durchmusterte, bemerkte ich einen, der sichtlich größer als die übrigen war; betroffen von seinem ungewöhnlichen Aussehen, verglich ich ihn mit η Geminorum und den schwächeren Sternen im Raum zwischen Auriga und Geminorum und fand ihn viel größer (im Durchmesser) als alle diese, ich hielt ihn daher für einen Kometen."

Diese Gewißheit erhielt er allerdings erst am dritten Abend, den 15. März aus der nun klar ersichtlichen Bewegung unter den Sternen. Gewiß war eine Kometenentdeckung interessant, aber damals keineswegs ein Aufsehen erregendes Ereignis mehr. Doch bereits nach drei Monaten stellte A. J. Lexel, ein Schüler Eulers, als erster fest, daß es sich um keine Kometenbahn, sondern um die eines neuen Planeten handelte, der fast genau doppelt so weit wie Saturn die Sonne in 84 Jahren umkreiste. Wie man später feststellte ist Uranus bereits seit 1690—1769 von zahlreichen Astronomen mindestens 17mal gesehen worden, ohne, daß man seine Wandelsternnatur erkannte. Wenn unter diesen Ch. Lemonnier, der zwischen 1763—1769 den Uranus zwölfmal beobachtete „seine Register nur ein wenig übersichtlicher geführt hätte", so schrieb ein Zeitgenosse, „wäre er der Entdecker des neuen Planeten geworden." In Wolfs Geschichte der Astronomie (München, 1877) findet man eine bemerkenswerte kurze Notiz, wonach die Einwohner von Tahiti schon lange davor Uranus als Wandelstern kannten. Da der Planet von scharfsichtigen Augen unbewaffnet gesehen werden kann, ist dies durchaus möglich. Es wäre lohnend der Quelle dieser Erzählung nachzugehen; möglicherweise geht sie auf den Erdumsegler James Cook zurück, der auf Tahiti den Venusdurchgang des Jahres 1769 beobachtete.

Herschel, dem die Namensgebung des neuen Himmelskörpers zustand, wünschte ihn zu Ehren seines königlichen Herrn, König Georg III. „Georgium Sidus“ zu nennen. Doch fand dieser Name bei den Kollegen auf dem Kontinent keinen Anklang. Lange Zeit ging dann ein wenig erfreulicher Streit um die Namensgebung einher, wobei nicht weniger als 10 — darunter z. T. ausgefallene Namen — diskutiert wurden. Schließlich aber setzte sich der Vorschlag von Bode durch, der als Herausgeber des „Berliner astronomischen Jahrbuches“ damals bei allen Astronomen hohes Ansehen genoß. Uranus, so meinte Bode solle man den neuen Himmelskörper nennen, denn dann sei im Sonnensystem die ganze mythologische Familie beisammen. (Uranus Gott des Himmels und zugleich der Gemahl der Erde, dazu aber auch Vater des Saturn und Großvater Jupiters. Mars, Venus, Merkur und Apollo (Sonne) Kinder des Jupiters).

Dimensionen, Masse und Dichte. Uranus, der für einen Umlauf um die Sonne 84,02 Jahre benötigt, hat seit seiner Entdeckung bis heute (1966) erst $2^1/_5$mal die Sonne umkreist, doch bot er sich dem Erdbeobachter schon in 183 Oppositionsstellungen dar. Seine synodische Umlaufszeit (Zeit von einer Opposition zur anderen) beträgt nämlich nur 4½ Tage mehr als ein Jahr. Das heißt mit anderen Worten, wenn die Erde eine Sonnenkreisung vollendet, hat Uranus erst etwa $^1/_{20}$ seiner Bahn um die Sonne hinter sich, so daß ihn die Erde alle 369,7 Tage (synodische Umlaufszeit) umrundet. Bei der mikrometrischen Bestimmung der Größe der relativ sehr kleinen Planetenscheibe, die je nach der Entfernung von der Erde nur rund 3,1 bzw. 3,8 Bogensekunden groß ist (die Mondscheibe erscheint uns etwa 560mal so groß), wiesen die Ergebnisse zunächst nicht unerhebliche Abweichungen untereinander auf. Man erhielt aber in letzter Zeit durch eigens konstruierte Doppelbildmikrometer oder durch Vergleich der Uranusscheibe mit künstlichen Scheiben doch befriedigend genaue Meßresultate. Danach beträgt der Durchmesser des Planeten 47300 Kilometer. Uranus ist also keineswegs ein kleiner Körper, übertrifft doch sein Durchmesser den der Erde um das 3,7fache, während sein Volumen 51mal größer ist als das der Erde. Wenn wir in unserer Abb. 9, S. 23 das Bild der Planetengrößen betrachten, so sehen wir, daß Uranus der drittgrößte in der Planetenfamilie ist. Die Exzentrizität der Uranusbahn ist mit $e = 0{,}046$ gering, so unterliegt auch seine Entfernung von der Sonne, die im Mittel 2869 Millionen Kilometer beträgt, nur geringen Schwankungen ($\pm$ 133 Millionen Kilometer).

Die Störungen die der Planet Saturn auf Uranus ausübt, ergaben die Möglichkeit, seine Masse — allerdings wegen der langsamen Bewegung des Uranus in seiner Bahn — nicht mit der gewünschten Genauigkeit zu berechnen. Bessere Ergebnisse ergaben sich, als man die Masse des Planeten aus seiner Einwirkung auf die Bahnen der ihn umkreisenden Monde ermittelte. Aus größeren photographischen Reihen fand man jetzt für seine Masse den Wert gleich 14,52 Erdmassen. Hieraus errechnet sich eine Dichte von 1,6mal Wasser. Eine solche Dichte kommt etwa der des Jupiters nahe und beträgt gut $^1/_3$ der Erddichte. Obwohl, wie wir erwähnten, uns die Uranusscheibe nur etwa 3,5″ groß erscheint, sprach bereits 1789 W. Herschel die Ansicht aus, daß ihm der Planet abgeplattet erscheine. Als neuestes Meßergebnis ergibt sich für die optische Abplattung ein Wert von $^1/_{17} = 0{,}059$, d. h. der Äquatordurchmesser ist rund 6% größer als der Poldurchmesser.

Rotation und Lichtwechsel. Uranus zeigt auf seiner Oberfläche keine so gut definierten Flecken, daß sie etwa zur sicheren Bestimmung der Rotation hätten dienen können. Aus der Abplattung kann man aber unter bestimmten Annahmen sich eine Vorstellung von der Rotationszeit des Planeten machen und diese führte auf eine Rotationszeit von 11 Stunden. Sie steht damit in recht guter Übereinstimmung mit der später spektroskopisch ermittelten Rotationszeit von $10^h 45^m$. Das Prinzip solcher spektroskopischer Messung beruht darauf, daß ein Rand des sich drehenden Planetenglobus auf uns zukommt, während der andere sich gleichzeitig vom Erdbeobachter entfernt. Richtet man daher den Spalt eines Spektrographen auf die Ränder der rotierenden Kugel, so zeigen die Spektrallinien an den Rändern Verschiebungen gegenüber ihrer Normallage. Aus diesen Verschiebungen kann man dann mit Hilfe des Dopplerprinzips die Geschwindigkeit der Bewegung und damit die Rotationszeit berechnen. Eine dritte Möglichkeit die Rotationsperiode zu bestimmen, könnte sich ergeben, wenn die Oberfläche des Planeten etwa ungleich von Dunkelflächen durchsetzt ist. Dies scheint in den Jahren 1917—1930, und auch später, einigemal der Fall gewesen zu sein; jedenfalls fand man aus visuell und photographisch durchgeführten Helligkeitsmessungen eine Rotationszeit von $10^h 49^m$. Mehrere dann später mit weit genaueren photometrischen Methoden unternommene Untersuchungen zeigen allerdings keine Andeutungen eines mit der Rotation im Zusammenhang stehenden Lichtwechsels. Es ist schwer zu entscheiden, was es mit den früheren Befunden auf sich hat, man darf sie jedenfalls wohl nicht als Bestätigung der zuverlässigen spektroskopischen Bestimmung ansehen. Uranus zeigt daneben noch langjährige Lichtänderungen, die sich in etwa 8½ und 84 Jahren abspielen. Die 84- oder 42jährige Periode steht im Zusammenhang mit der Abplattung und außergewöhnlichen Neigung der Rotationsachse des Planeten. In unserer Abb. 22, S. 53 haben wir die Neigungen der Rotationsachsen der Planeten aufgezeichnet, und man erkennt, daß sie bei Uranus 98° beträgt. Die Neigung der Polachse bringt es mit sich, daß der Pol während eines 84jährigen Sonnenumlaufes zweimal senkrecht zu unserer Blickrichtung steht und wir ebenfalls zweimal auf den Äquator blicken. In Abb. 80 haben wir zur Erklärung dieser Bewegungsverhältnisse ein Viertel der Uranusbahn von der Jetztzeit (1966) bis zum Jahre 1985 gezeichnet. Das Bewegungsfeld des Planeten liegt dabei in den Sternbildern Jungfrau, Waage und Skorpion, deren Grenzen und hellsten Sterne skizzenhaft um die Uranusbahn vermerkt wurden. Der kleine dicke Kreis stellt die Erdbahn mit der Sonne in ihrem Mittelpunkt dar. Oben (1966) blicken wir auf den Äquator des Planeten und sehen von der Erde aus die Uranusmonde — wie in der Nebenzeichnung I angedeutet — über die Uranusscheibe hin- und herziehen. 19 Jahre später ist Uranus in Polstellung gerückt und wir schauen dann (1985) auf den Nordpol. (Einen halben Uranusumlauf später ist im Jahre 2030 uns der Südpol zugekehrt.) Die Monde laufen nun von uns aus gesehen kreisförmig um den Planeten (Nebenzeichnung II). Die Sonne steht in unserer Zeichnung entsprechend den wahren Verhältnissen exzentrisch zur Uranusbahn und man erkennt, daß Uranus in seiner Äquatorstellung 1966 sich in Sonnennähe also im Perihel befand.

Um das Perihel ist die Geschwindigkeit des Planeten in seiner Bahn größer. So kommt es, daß er seine Polstellung bereits nach 19½ Jahren und nicht nach $^{84}/_{4} = 21$ Jahren, erreicht. Im Aphel befindet sich der Planet in Richtung des Pfeiles Aphel und bewegt

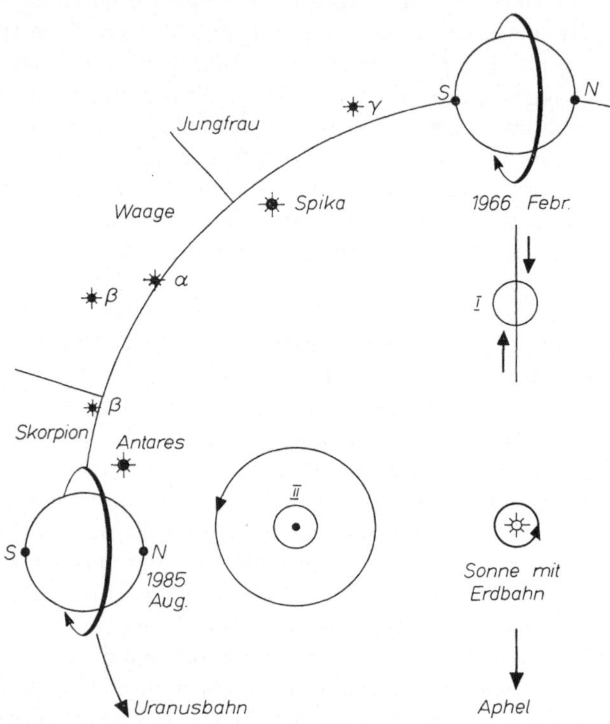

Abb. 80. So zeigt sich im Laufe der nächsten Jahrzehnte Uranus dem Erdbeobachter. Die Stellung der Sonne und die Bahnen von Erde und Uranus sind maßstabgerecht, der Planet mit den Bahnlagen seiner Monde schematisch gezeichnet

sich hier langsamer, so daß zwischen den 2 Polstellungen 1985 und 2030 nicht 42 sondern 45 Jahre vergehen.

Nach dieser Unterrichtung über die Bewegungsverhältnisse des Uranus wollen wir wieder auf den 84jährigen Abplattungslichtwechsel zu sprechen kommen. Wenn wir den abgeplatteten Uranus — allerdings übertrieben — mit einem Hühnerei vergleichen, das um seinen langen Durchmesser rotiert, dann bekommen wir bei senkrecht zur Blickrichtung stehender Polachse eine kleinere Uranusscheibe zu Gesicht, als 19 Jahre später, weil wir dann nämlich auf die breite Fläche des „Uranusei" schauen. Dieser vierfache Wechsel während einer Umkreisung des Uranus um die Sonne hat den oben erwähnten Abplattungslichtwechsel zur Folge, aus dem man auch photometrisch die Abplattung berechnen kann.

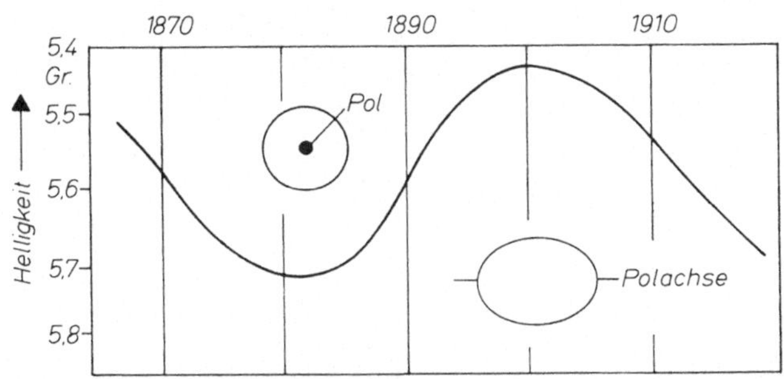

Abb. 81. Der Abplattungslichtwechsel des Uranus. In der Stellung Pol (Polachse weist auf die Erde) beobachtet man ein Minimum. 19 Jahre später fällt das Maximum mit dem Blick auf die Äquatorfläche zusammen. (Abplattung stark schematisch überzeichnet)

Unsere Abb. 81 zeigt uns, wie der Abplattungslichtwechsel zustande kommt. Was es mit dem 8½jährigen Lichtwechsel auf sich hat, ist noch nicht geklärt.

Oberfläche, Atmosphäre, Temperatur. Als Oberfläche sehen wir bei Uranus nur seine ihn dicht umhüllende Atmosphäre, die vermutlich über einem dicken Eismantel mit felsigem Kern liegt. Die vielfach vertretene Annahme, daß Uranus keine oder nur bisweilen äußerst schwache und undeutlich ausgeprägte Oberflächendetails aufweise, ist nicht richtig. Geübte Beobachter haben immer wieder eine sicherlich lange Zeit anhaltende Dunkelstruktur festgestellt, die von den Polen bogen- oder brückenartig zum Äquator verläuft und gewisse Ähnlichkeit mit der Dunkelbandstruktur des Saturns hat. F. Kimberger hat auf Grund eigener Uranusbeobachtungen die erste Karte der Oberfläche des Uranus veröffentlicht, die wir in unserer Abb. 82 zeigen. Spektrogramme zeigen uns sehr intensive Methanabsorptionen, doch verglichen mit Jupiter und

Saturn verhältnismäßig schwache Ammoniaklinien. Wer den Planeten etwa mit einem kleineren Fernrohr betrachtet, wird seine Farbe als düster grün ansprechen. Diese Tönung tritt durch die besonders im gelben wie roten Spektralbereich liegenden starken Methanabsorptionslinien beim visuellen Anblick hervor. Der starke Überschuß an Methan und der Mangel an Ammoniak wird

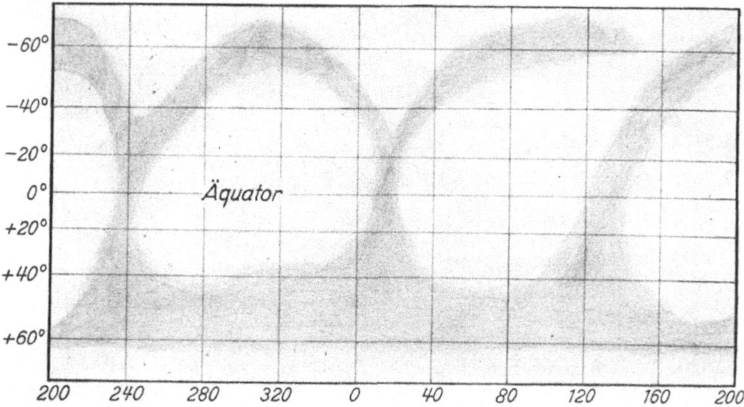

Abb. 82. Die Oberfläche des Planeten Uranus in Merkatorprojektion. Gezeichnet nach Beobachtungen im Jahre 1962 von F. Kimberger unter Zugrundelegung einer Rotationszeit von $10^h\,49^m$. (Aus „Die Sterne", 41. Jg. 1965)

durch die tiefe Temperatur der Atmosphäre bedingt. Die Temperatur müßte, wenn der Planet keine eigene Wärme erzeugt, bei seiner weiten Sonnenentfernung —210°C betragen. Messungen mit Thermoelementen ergaben eine Temperatur von etwa —185°C. In Anbetracht der durch die Entfernung und Winzigkeit des Planetenkörpers bedingten Meßschwierigkeiten darf man sagen, daß der Meßwert der Größenordnung nach mit dem theoretisch errechneten übereinstimmt. Die Oberfläche des Planeten hat ein sehr hohes Rückstrahlungsvermögen, denn das Verhältnis des nach allen Seiten reflektierten Sonnenlichtes zum einfallenden Licht, also die Albedo, ist bei Uranus = 0,93 und damit die höchste von allen Planeten.

Die 5 Uranusmonde. W. Herschel erlangte nicht nur großen Ruhm durch die Entdeckung des Uranus, sondern hatte auch Anteil an der bald folgenden Entdeckung der Uranusmonde. Schon sechs Jahre nach der Auffindung des Planeten fand er die beiden größten und hellsten Monde Titania und Oberon. Wenn wir hier von Helligkeit sprechen, so ist dies allerdings ein recht relativer Begriff, weil beide Monde mit einer Helligkeit von etwa 14. Größe nur in größeren Fernrohren ausgemacht werden können. In seinem Entdeckungseifer glaubte Herschel sogar 6 Uranusmonde aufgespürt zu haben, doch es blieb bei Titania und Oberon, die anderen 4 entpuppten sich als kleine Sternchen. Erst im Jahre 1851 fand W. Lassel in Liverpool die ebenfalls lichtschwachen Uranussatelliten Ariel (14,4. Größe) und Umbriel (15,3. Größe) und schließlich wurde als fünfter Mond 1948 Miranda (16,5. Größe) von Kuiper in Amerika entdeckt. Eine systematische Suche nach weiteren Uranusmonden, bei denen auf den photographischen Platten die Grenzgröße bei der 21. Größenklasse lag, blieb bis heute erfolglos. Die Namen der 5 Monde sind auf Vorschlag Lassels von Herschel der englischen Märchenmythologie entlehnt. Oberon und seine Gemahlin Titania sind das Elfenkönigspaar in Shakespeares „Sommernachtstraum". Umbriel ist ein Gnom und Ariel der Luftgeist in Alexander Popes Epos „Raub der Locke". Ariel tritt auch als neckischer Geist in Shakespeares „Sturm" und als rebellischer Engel in Miltons „Verlorenes Paradies" auf. Miranda schließlich ist die Tochter des Zauberers Prospero in Shakespeares „Sturm".

Die Uranusmonde umkreisen fast ohne Neigung parallel zum Äquator den Planeten von Ost nach West. Man nennt eine solche Bewegung, die entgegen der „normalen" Bewegung verläuft, die die meisten Körper des Sonnensystems aufweisen, retrograd. Die 5 Monde bieten dem Erdbeobachter im Laufe von 42 Jahren zweimal einen extremen Anblick. Wie wir schon bei dem Abplattungslichtwechsel des Uranus erwähnten, blicken wir einmal auf den Pol — z. B. in den Jahren 1946 auf den Südpol und 1985 auf den Nordpol. Zu diesen Zeiten laufen, von uns aus gesehen, die 5 Monde in konzentrischen Kreisen um den Hauptkörper. In den Jahren 1966 und 2030 dagegen schauen wir fast auf die Kanten ihrer Bahnebenen. In unserer Abb. 83 sind diese extremen Stellungen rechts aufgezeichnet und das maßstabsgerechte Bild unterrichtet uns auch über die Umlaufszeiten und Entfernungen der Monde vom Planeten. Die Bahnen der Uranusmonde sind kreisförmig; jedenfalls fand man nur andeutungsweise eine kaum nennenswerte Exzentrizität. Verhältnismäßig groß sind dagegen infolge der Abplattung des Uranus die Bahnstörungen. Wenig zuverlässig sind unsere Kenntnisse über die Durchmesser der Satelliten. Die beiden großen, Oberon und Titania, haben Durchmesser

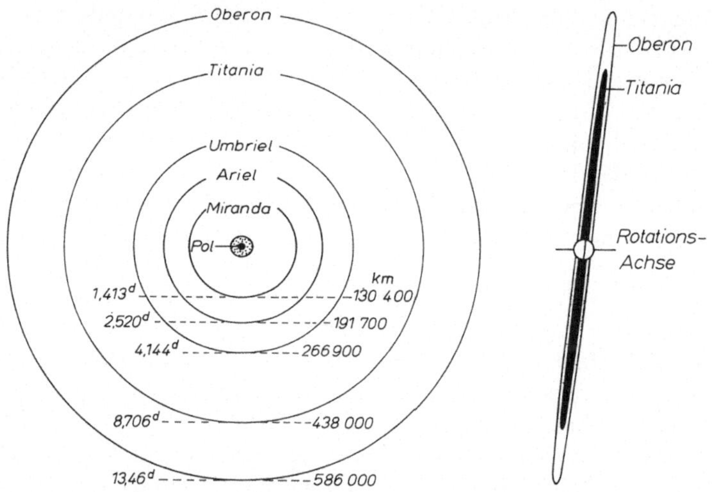

Abb. 83. Links: Bahnen, Umlaufszeiten (in Tagen) und Entfernungen der Uranusmonde. Blick auf den Pol des Planeten und die kreisförmigen Bahnen der Monde, wie wir sie in den Jahren 1946 sahen und 1985 sehen. (Vgl. Abb. 80.) Rechts: In den Jahren 1966 und 2030 schauen wir auf die Kanten der Bahnebenen der Monde. Innerhalb der schwarz hervorgehobenen scheinbaren Bahnellipse der Titania kreisen die inneren drei Monde

von vielleicht nur 800 bzw. 1000 km. Bei Umbriel und Ariel schätzt man sie auf 500 bzw. 600 km. Der für Miranda mit 160 km angegebene Durchmesser ist fraglich.

Aus Aufnahmen in verschiedenen Farbbereichen fand man, daß Oberon und Titania das Sonnenlicht nahezu neutral reflektieren, bei den 3 anderen Monden waren wegen ihrer Uranusnähe und ihrer Lichtschwäche ähnliche Untersuchungen noch nicht möglich. Nach Mitteilung der amerikanischen Raumfahrtbehörde plant man 1987/88 unbemannten Vorbeiflug und bemannte Umkreisung etwa in der Bahn der Titania. Man darf wohl zu dieser Mitteilung sagen: „Fahrplan noch ohne Gewähr."

X. Neptun

Die Entdeckung Neptuns im Jahre 1846 gehört zu den unvergänglichen glänzenden Taten der rechnerischen Astronomie: Das Vorhandensein eines unsichtbaren Himmelskörpers wurde nicht nur sozusagen am Schreibtisch rechnerisch ermittelt, sondern auch seine Stellung am Himmel so genau vorhergesagt, daß er tatsächlich dort entdeckt wurde, wo der Federkiel des Rechners hinwies. Die Astronomie des Unsichtbaren hatte kurz zuvor einen bedeutsamen Triumph gefeiert, als Fr. W. Bessel 1844 bekanntgab, daß die schon früher von ihm entdeckte ungleichförmige Eigenbewegung des Sirius durch einen unsichtbaren Stern verursacht würde, der dann 18 Jahre später entdeckt wurde. Doch der Erfolg der Mathematikerastronomen, der zur Entdeckung Neptuns führte, war ein noch weit denkwürdigeres Ereignis, das alle früheren Vorhersagen der Himmelsforscher weit überragte und die Gültigkeit der Newtonschen Gravitationstheorie aller Welt vor Augen führte.

Die Vorgeschichte der Entdeckung. Die Geschichte begann mit der Entdeckung des Uranus im Jahre 1781 durch W. Herschel. Als man die Bahn des Herschelschen Planeten mit allen zur Verfügung stehenden Positionsbestimmungen berechnete, stellte sich heraus, daß es unmöglich war, Beobachtung und Rechnung miteinander in Einklang zu bringen. Man benutzte für die Untersuchungen die von A. Bouvard 40 Jahre nach der Entdeckung des Uranus herausgegebenen Planetentafeln, die bis zum Jahre 1690 zurückgingen. Da sich zeigte, daß die Unstimmigkeiten bei den früheren Beobachtungen besonders groß waren, entschloß man sich, diese einfach rauszuwerfen. Dies war ein wenig glücklicher Entschluß. Er schien zwar berechtigt, erwies sich aber als kein Heilmittel, denn Jahr um Jahr wuchsen dennoch die Unstimmigkeiten zwischen Rechnung und Beobachtung an. Wir haben die Abweichungen, die die Astronomen bis zum Jahre 1845 (1 Jahr vor der Entdeckung Neptuns) fanden, in der Abb. 84 aufgezeichnet. Der Durchschnittswert in dem 55jährigen Abschnitt wird durch die Mittellinie angezeigt. Die offenen Kreise entsprechen den nachträglich bekannt gewordenen Beobachtungen vor der Entdeckung des Uranus. Vom Entdeckungsjahr an lagen dann über 400 Beobachtungen vor, die in unserer Kurve als Jahresmittel erscheinen. Bei der Betrachtung der Abbildung wird es verständlich, weshalb man zunächst die früheren Beobachtungen ausschließen wollte, denn seit dem Entdeckungsjahr hielt sich der Verlauf ja in guten Grenzen. Um sich eine Vorstellung vom Maß der Abweichungen zu machen, ist am rechten Rand der Abbildung der Abstand des bekannten Doppelsternes ε Lyrae eingezeichnet.

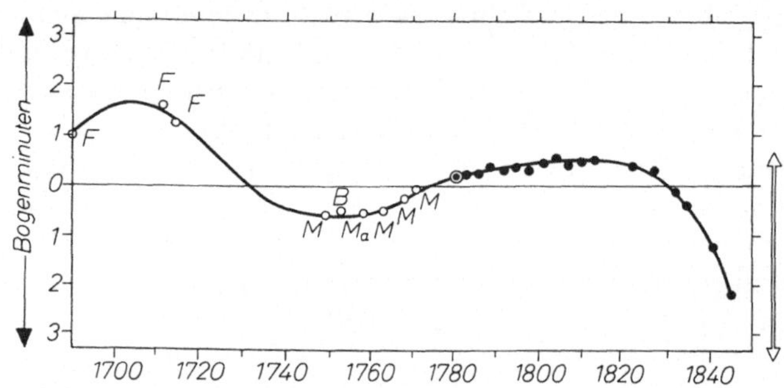

Abb. 84. Die Ungleichheit der Uranuspositionen von 1690 bis 1845, die zur rechnerischen Entdeckung Neptuns führten. Der Pfeil rechts zeigt den Abstand des Doppelsternes Epsilon Lyrae, ein Prüfstein für das scharfsichtige unbewaffnete menschliche Auge. Volle Kreise = Nach der Entdeckung, die besonders hervorgehoben ist. Offene Kreise: Beobachter F = Flamsteed, M = Le Monnier, Ma = Th. Mayer, B = Bradley.

Dieses Sternpaar steht rund 3½ Bogenminuten voneinander entfernt und das unbewaffnete, scharfsichtige Auge vermag ihn zu trennen. Der Hinweis soll es verständlich machen, daß ein geübter Fernrohrbeobachter wie Flamsteed niemals so fehlerhafte Messungen machen konnte, wie dies ursprünglich Bouvard annehmen wollte. Bessel kritisierte dies bereits ärgerlich, denn er habe bei genauer Betrachtung der älteren Beobachtungen, so schrieb er, „die volle Überzeugung erlangt, daß die vorhandenen Unterschiede, welche einige Male bis über eine Bogenminute steigen, keineswegs den Beobachtern zuzuschreiben sind".

Bessels Bemühungen. Als dann nach 1830 die Abweichungen immer stärker anwuchsen, horchte man auf. Die ersten Vermutungen wurden laut, daß ein Körper jenseits des Uranus seinen Bahnverlauf beeinflussen könne. In Deutschland beschäftigte sich C. F.

Bessel höchst interessiert mit dem Uranus-Problem. So schreibt er im Jahre 1840 an Alexander von Humboldt:

„Sie verlangen Nachricht von dem Planeten jenseits des Uranus ... Zunächst müssen wir genau und vollständig wissen, was von dem Uranus beobachtet ist. Ich habe durch einen meiner jungen Zuhörer, Flemming, alle Beobachtungen reducieren und vergleichen lassen; und damit liegen mir nun die vorhandenen Thatsachen vor. So wie die alten Beobachtungen nicht in die Theorie passen, so passen die neueren noch weniger hinein, denn jetzt ist der Fehler schon wieder eine ganze Minute und wächst jährlich um 7″ bis 8″, so daß er bald viel größer sein wird. Ich meinte daher, daß eine Zeit kommen werde, wo man die Auflösung des Rätsels: vielleicht in einem neuen Planeten finden werde, dessen Elemente aus ihren Wirkungen auf den Uranus erkannt und durch die auf den Saturn bestätigt werden könnte."

Doch ehe die Arbeit des jungen begabten Flemming heranreifte, starb dieser und auch Bessel, der sie fortzusetzen gedachte, kam nicht mehr dazu; 6 Monate vor der Entdeckung des Planeten schloß er für immer die Augen. Wie weit dann Bessel indirekt dennoch zur Entdeckung Neptuns beitrug, werden wir später noch erfahren.

Le Verriers Rechnungen. Inzwischen hatte in Paris Le Verrier sich an die schwierige Arbeit gemacht, aus den Abweichungen — wir erinnern an die Abb. 84 — die Bahn des hypothetischen „Friedensstörers" zu errechnen. Einen Anhalt für seine Entfernung von der Sonne gab die berühmte Titius-Bodesche Reihe (s. S. 87), wonach er etwa doppelt so weit wie Uranus seine Kreise ziehen sollte. (Später stellte sich dann heraus, daß Neptun gar nicht in die Reihe paßte, sondern Pluto etwa seinen Platz einnahm.) Über seine Masse und seine Umlaufszeit konnten die Keplerschen Gesetze einen Hinweis geben. Aber alle anderen Elemente waren unbekannte Größen, die für den Planeten X, der einige Milliarden Kilometer von Uranus entfernt seine Bahn zog, einzig und allein aus schmalen Abweichungen scheinbarer, nämlich am Sternenhimmel beobachteter Positionen, zu berechnen waren. Es ist nützlich, sich an dieser Stelle — sozusagen post festum — ein Bild davon zu machen, wie denn nun wirklich in damaliger Zeit sich die Bewegung der Planeten Uranus und Neptun abspielte. Mit unserer Abb. 85 bringen wir dieses Bild; es zeigt uns zugleich Richtung und Größe der gegenseitigen Anziehungswirkungen. Die Größe wird dabei durch den Abstand charakterisiert, der (in Milliarden Kilometern) jeweils angegeben ist. Im Jahre 1822 waren die Planeten in Konjunktion zur Sonne; sie standen damit in geringster gegenseitiger Entfernung, die nur rund 1,6 Milliarden

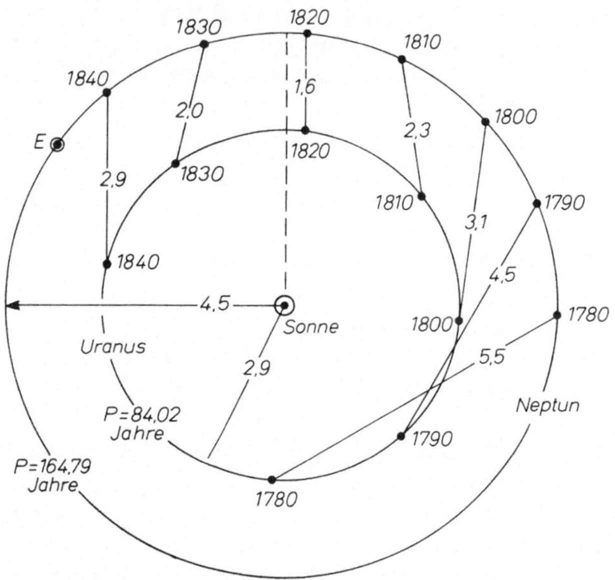

Abb. 85. Die Bahnen von Uranus und Neptun vor dessen Entdeckung (maßstabgerecht). Entfernungen in Milliarden Kilometern. Der Kreis mit der Sonne im Mittelpunkt entspricht dem Raum der Erdbahn. E = Ort der Entdeckung im Jahre 1846

Kilometer betrug. Die Attraktionswirkung lief dann darauf hinaus, daß der Radiusvektor (Abstand Uranus—Sonne) zwar größer wurde, doch seine Länge in der Bahn, auch vom Erdbeobachter aus gesehen, praktisch keine Änderung erfuhr. Die Lösung des rechnerischen Problems bestand zunächst darin, die beobachteten Abweichungen erst einmal von den störenden Kräften, die vornehmlich von Jupiter und Saturn aber auch von allen anderen Planeten bewirkt werden konnten, zu befreien. Dann galt es, aus den Restabweichungen eine Bahn für den Planeten X zu berechnen, die letztlich der unserer Abb. 85 entsprechen mußte.

In der Stille seines Studierzimmers hatte Le Verrier nur mit Federkiel, Tinte und Papier bewaffnet, die Aufgabe gemeistert, und legte Ende August 1846 der Pariser Akademie die Bahnelemente des unsichtbaren Planeten vor, die es ihm ermöglichten den Astronomen zu sagen: Wende Dein Fernrohr an einem bestimmten Tag auf die Stelle des Himmels, die ich Euch angebe, dann werdet Ihr dort einen neuen, bisher unbekannten, Planeten finden. Da Le Verrier kein Fernrohr besaß, und auch nicht damit umzugehen verstand, richtete er die Aufforderung an den ihm als praktischer Astronom bekannten Dr. Galle in Berlin. Le Verriers Brief traf am 23. September 1846 auf der Berliner Sternwarte ein und Dr. Galle machte sich, da die Nacht klar war, sogleich an die Suche. Diese Suche wurde entscheidend dadurch erleichtert, daß Galle gerade die auf Veranlassung Bessels herausgegebene „Akademische Sternkarte“ der betreffenden Gegend erhalten hatte. Nun ging es darum, Stern um Stern mit der Karte zu vergleichen und bald fiel Galle ein nur 52 Bogenminuten von Le Verriers vorhergesagter Position entfernt stehendes Objekt der 8. Größe auf, das die Sternkarte nicht verzeichnete. Dieses sternartige Objekt stand also bestimmt nicht bei der Bearbeitung der Akademischen Sternkarte in dem Sternenfeld. Natürlich konnte es sich um einen veränderlichen Stern handeln, der damals so lichtschwach war, daß ihn die Beobachter nicht notiert hatten, der aber jetzt, im Herbst 1846, heller aufgeleuchtet war? Man kannte genügend solche Fälle, doch die Entscheidung war schnell gefällt: Das fragliche Objekt zeigte eine zwar geringfügige aber doch wahrnehmbare Bewegung unter den Sternen, es war tatsächlich Le Verriers Planet.

Adams Anteil an der Entdeckung. Le Verriers Triumph wurde in der wissenschaftlichen Welt begeistert gefeiert und sein Name war schnell in aller Mund. Doch der ihm gespendete Ruhm kam ihm, wie sich bald herausstellte, nicht allein zu. Völlig unabhängig hatte nämlich in Cambridge J. C. Adams, ein junger Student, sich ebenfalls mit dem Uranus-Problem beschäftigt. In weniger als 2 Jahren kam er gleichfalls, auf Grund seiner scharfsichtigen Rechnungen, zu einer klaren Vorstellung von der Bahnform des unbekannten Planeten X und seinem Lauf unter den

Sternen. Bereits im Oktober 1845, also acht Monate bevor Le Verrier seine Ergebnisse veröffentlichte, sandte Adams einen Bericht über seine Arbeit an den Royal Astronomer in Greenwich. Da Adams auf eine ihm wohl unbequem erscheinende Rückfrage — so sagen die einen — nicht antwortete, oder, so meinen andere, den Brief nie erhielt, blieb die Sache in den Amtsstuben, die sich ja oft genug mit törichten Einsendungen oder Weltverbesserungsvorschlägen herumplagen mußten, kostbare Zeit lang liegen. Es vergingen viele Monate, ehe sich Adams Chef in Cambridge, Professor Challis, Ende Juli 1846 entschloß, mit dem Fernrohr an dem von Adams vorhergesagten Ort, den er, wie sich nachträglich herausstellte, auf etwa 100 Bogensekunden genau bestimmt hatte, nach dem Planeten zu suchen. Noch lag es im Schoß der Geschichte, daß der gesuchte Planet nicht in Berlin, sondern in Cambridge entdeckt werden konnte. Leider hatte man dort aber noch nicht die von Bessel besorgten, vorzüglichen Sternkarten zur Hand. Man mußte erst in recht mühevoller, sich wochenlang hinziehender Arbeit Stern um Stern — an die hundert — immer wieder vergleichen, um herauszubringen, wo sich eine Bewegung unter diesen zeigte. Obwohl Challis die Suche 2 Monate vor der von Galle begonnen hatte, kam ihm dieser, der ihn ja auf Anhieb in der ersten Nacht entdeckte, zuvor. Man hat sogar recht häßlich darüber gestritten, wem eigentlich der Ruhm gebührt, Le Verrier oder Adams? Heute, mit genügend Abstand, bekennt sich die Geschichte der Astronomie zu dem gerechten Urteil: Beiden Forschern gebührt der gleiche Ruhm, unabhängig voneinander ein Problem gelöst zu haben, das höchster Bewunderung würdig ist. Man darf dem hinzufügen, was in einem älteren Lehrbuch der Astronomie gesagt wurde: Die Astronomie sollte sich freuen „zwei solche Kerle zu besitzen“.

Mit Heftigkeit entbrannte bald nach der Entdeckung der Streit um die Namensgebung. Während die Franzosen das Recht der Taufe Le Verrier zusprachen, verlangte England es für Adams. Hier meinte man „Oceanus“ sei ein würdiger Name für eine Seefahrtnation, während Le Verrier zunächst Neptun vorschlug. Doch sein einflußreicher Freund Arago redete später auf ihn ein: Der Planet muß Deinen Namen tragen, den Namen des wahren Entdeckers, und Arago verkündete dann offiziell der neue Planet heiße

„Le Verrier“ und Uranus wolle man zugleich auf „Herschel“ umtaufen. Darauf konterten die Engländer zurück, dann heißt bei uns Uranus wieder „Georgian“. Es war ein beschämend kleiner Streit um eine der ruhmreichsten Entdeckungen. Doch im Laufe der Zeit glätteten sich die Wogen der Erregung und es kam zur Einigung auf Uranus und Neptun.

Bahn, Körpermasse, Helligkeit. Der Planet umrundet bei einer mittleren Entfernung von 4498 Millionen Kilometern die Sonne fast kreisförmig; die Exzentrizität der Bahn beträgt nämlich nur 0,009. Aus Störungen Neptuns durch Uranus und Störungen seiner beiden Monde fand man seine Masse = 17,24 Erdmassen (I. A. U.-System), woraus sich eine Dichte von 2,225 g/cm^3 ergibt. Da die Scheibe des Planeten selbst unter günstigen Entfernungsbedingungen dem Erdbeobachter nur rund 2 Bogensekunden groß erscheint, war die Mikrometermessung seines Durchmessers nicht leicht. Der Durchmesser beträgt nach letzten Bestimmungen = 44600 km, womit Neptun also der viertgrößte Planet unter seinen 9 Brüdern und bald so groß wie Uranus ist (vgl. das Schaubild S. 23). Der Planet kann zwar nicht mit bloßem Auge gesehen werden, doch findet man ihn, wenn man nur seine Stellung unter den Sternen weiß, leicht schon im Prismenglas. (Oppositionshelligkeit = 7,65. Größenklasse.) Neptuns Helligkeit schwankt auf unerklärliche Weise, diese Schwankung scheint sich mit einer Periode von 19—21 Jahren abzuspielen. Da man jetzt die Helligkeit des Planeten systematisch mit der sorgfältig ausgesuchter Sterne vergleicht, wird man etwa ein Jahrzehnt später mehr Klarheit über den noch ungeklärten Lichtwechsel erhalten.

Oberfläche, physikalische Beschaffenheit. Neptun ist von einer dichten Atmosphäre umgeben, auf der sich kaum Einzelheiten wahrnehmen lassen, nur zuweilen hat man auf seiner uns sichtbaren Oberfläche eine schwache Tönung, aber keine Bandstruktur, wahrgenommen. Versuche, aus Helligkeitsänderungen der Oberfläche die Rotationszeit zu bestimmen, fielen daher nicht befriedigend aus. Dagegen konnte man bereits 1928 die Rotationsperiode, ähnlich wie bei Uranus (s. S. 160), spektroskopisch feststellen. Danach ist der Neptunstag 15,8 Stunden $\pm 1^h$ lang und man darf bei einer so raschen Rotation vermuten, daß der Planet nicht unerheblich abgeplattet ist.

Im Spektrum Neptuns beobachtete man intensive Methanabsorptionen, aber verhältnismäßig schwache Ammoniaklinien. Dieses im Vergleich zu Jupiter und Saturn unterschiedliche Verhalten der beiden Elemente ist zum Teil auf Grund seiner tiefen Atmosphärentemperatur zu erklären; sie beträgt nur rund —200 °C. Mit Hilfe eines Radioteleskops gelang es 1965 erstmalig, Wärmestrahlung der Planeten Neptun und Uranus zu messen. Danach beträgt die Temperatur Neptuns etwa —115 °C, liegt also beträchtlich höher als die oben angegebene theoretisch errechnete. Auch für Uranus fand man weit höhere Temperaturwerte als man rechnerisch erwarten sollte. Vielleicht ist auch die Atmosphäre nicht so „wolkig" wie die von Jupiter und Saturn, so daß das Sonnenlicht tiefer in die Methanschichten eindringt, was ebenfalls die stärkere Absorption verständlich machen würde. Besonders stark sind die Methanabsorptionen im gelben und roten Spektralbereich. Dies hat zur Folge, daß uns der Planet visuell ausgesprochen grün erscheint.

Die Vorstellungen über den Aufbau des Planetenkörpers sind durchaus hypothetischer Natur. Es scheint möglich, daß sich der Planet aus schwereren Elementen aufbaut, die aus Eis, festem Methan und Ammoniak bestehen. Danach läge die Atmosphäre über einem dicken Eispanzer mit festem Kern?

Die Monde des Planeten. Der Eifer, mit dem man den neuen Planeten beobachtete, führte 14 Tage nach seiner Entdeckung zur Auffindung des Mondes Triton (dem Sohn Neptuns). Dieser lichtschwache Satellit, der günstigenfalls die Helligkeit 13,6. Größe hat, umkreist in 5 Tagen, 21 Stunden und 3 Minuten ($5{,}877^d$) in einem Abstand von 354000 km den Planeten und zwar rückläufig. Zum Vergleich: Unser Erdmond ist 384000 km von uns entfernt. Da Neptun direkt, also entgegengesetzt zu Triton, in $15{,}8^d$ um seine Achse rotiert, vollzieht sich für einen Beobachter auf dem Neptun der Phasenwechsel dieses Mondes knapp alle 4¼ Tage. Triton besitzt vermutlich eine Atmosphäre, in der Methan vorhanden ist. Gewisse beobachtete Änderungen der Bahnlage dieses Mondes sind wohl der Abplattung Neptuns zuzuschreiben, sie reichen jedoch nicht hin, um Genaueres über die Abplattung des Planeten auszusagen. Die Masse Tritons, der mit einem Durchmesser von vielleicht 4500 km rund 1000 km größer ist als der unseres Erdmondes, beträgt das 1,9fache der Erdmondmasse. Triton ist ein schlechter Reflektor für das einfallende Sonnenlicht, wie aus seiner geringen Albedo von 0,21 hervorgeht.

Ein weiterer Neptunsmond, der den Namen der Meernymphe Nereide erhielt, wurde von Kuiper bei einer systematischen Suche nach weiteren Neptunsmonden 1949 entdeckt. Nereide ist äußerst lichtschwach (etwa 19. Größe) und man nimmt an, daß der Mond

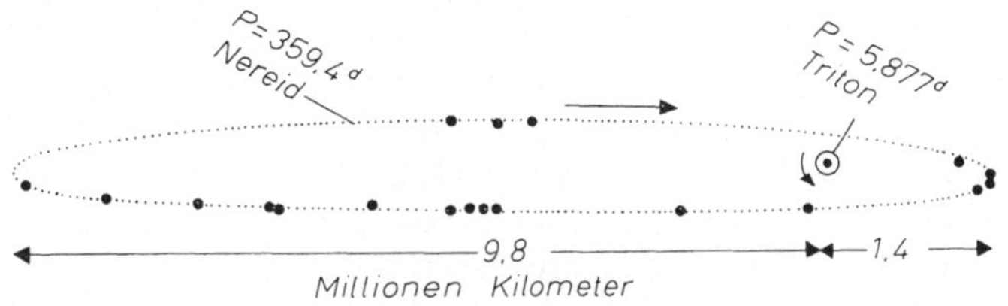

Abb. 86. Die Bahn des Neptunmondes Nereide nach Beobachtungen von van Biesbroeck (Astron. J. 56, 1951). Der kleine Kreis um den Punkt (Neptun) ist die Bahn des Mondes Triton. Man beachte den rückläufigen Umlauf von Triton und den direkten von Nereide. P = Umlaufszeit

dem Planeten stets dieselbe Seite zukehrt, was bedeutet, daß seine Rotations- und Revolutionszeit gleich lang ist. Seine Bahn ist recht interessant, denn es gibt keinen Planetenmond, der auch nur annähernd in einer derartig exzentrischen Bahn läuft wie Nereide (Exzentrizität = 0.749). Wir zeigen diese merkwürdige Bahnellipse nach Beobachtungen von van Biesbroeck aus den Jahren 1949—1951 in unserer Abb. 86, in der auch zugleich die Bahn des Triton aufgenommen ist. Das Bild lehrt uns, daß die mittlere Entfernung des Mondes von Neptun, also die halbe große Achse der Bahn = 5,6 Millionen Kilometer ist. Zu einer Umkreisung benötigt die kleine Nereide, deren Durchmesser schätzungsweise um 350 km beträgt, etwa 359½ Tage. Die Suche nach weiteren Monden Neptuns, die man bis zu Grenze, an der ein Mond aus Gründen der Stabilität zu kreisen vermag, durchführte, hatte bisher keinen Erfolg. Man hat ausgerechnet, daß ein Neptunsatellit, der nur $^{1}/_{10}$ des Sonnenlichtes zurückwirft und querdurch mindestens 160 km mißt, etwa die 22. Größenklasse haben muß.

Die bisher bekannt gewordenen Pläne zur Erforschung des Planeten von interplanetarischen Sonden aus sprechen davon, daß man bis 1998 einen Vorbeiflug (unbemannt) und dann auch eine bemannte Umkreisung im „Nahabstand“ von etwa 300000 Kilometer durchführen will.

XI. Pluto

Der Planet X. Bald nach der Entdeckung Neptuns am vorausberechneten Ort, die im Jahre 1846 als Triumpf der theoretischen Astronomie gefeiert wurde, beschäftigte man sich bereits mit dem Gedanken, der Errechnung eines transneptunischen Planeten. Anlaß zu solchen Mutmaßungen gab die Feststellung, daß die Störungen des Planeten Uranus noch unerklärliche Unterschiede zwischen Beobachtung und Berechnung aufwiesen. Sie konnten also nicht nur allein von Neptun herrühren sondern wurden vermutlich durch einen weiteren störenden Planeten außerhalb der Neptunsbahn verursacht. Doch ehe man sich rein theoretisch Vorstellungen über die vermutliche Bahn dieses Planeten X machte, wurde bereits 1877/78 auf dem US Navy Observatorium eine systematische Suche nach ihm aufgenommen. In vielen mondlosen Nächten durchmusterte man visuell mit einem Refraktor von 65 cm Öffnung ausgewählte Felder der Ekliptik. Es war eine mühevolle und deshalb aussichtslose Aufgabe, weil es für das Vorhandensein des Planeten X nur den vagen Verdachtsgrund gab, er müsse einen wahrnehmbaren Scheibendurchmesser haben und sich so von den Sternen unterscheiden. Nun, das war nicht der Fall. Damit wurde klar, daß die Suche nach einen transneptunischen Planeten nur auf photographischen Wege zu Erfolg führen konnte. Wenn man nämlich das gleiche Sternfeld mit Zwischenzeiten von einigen Tagen photographierte, so müßte das unter den Sternen wandernde Objekt seine Existenz durch Positionsänderung gegenüber den Fixsternen verraten.

Die Bahn Plutos. Inzwischen hatte P. Lowell den Versuch unternommen, aus den Störungen von Uranus und Neptun die Bahnelemente des Planeten X zu berechnen. Die Aufgabe war äußerst schwierig, weil Neptun mit einer Umlaufszeit von 165 Jahren damals, als Lowell 1915 seine Berechnungen veröffentlichte, noch nicht einmal einen halben Umlauf vollendet hatte. Doch ehe wir die groß angelegte Suche nach dem Planeten X, die mit seiner

Entdeckung im Jahre 1930 von Erfolg gekrönt wurde, weiter verfolgen, wollen wir uns mit der Abb. 87 mit den Bahnen und den Bewegungsverhältnissen der Planeten Uranus, Neptun und Pluto vertraut machen. Während die beiden inneren Wandelsterne fast kreisförmig die Sonne nahezu in der Ebene der Erdbahn umlaufen, weist Pluto eine große, ja überhaupt die größte Exzentrizität unter den 9 Planeten auf; überdies hat er eine Bahnneigung von 17° gegen die Ekliptik. Im Jahre 1865 befand sich Pluto mit einer

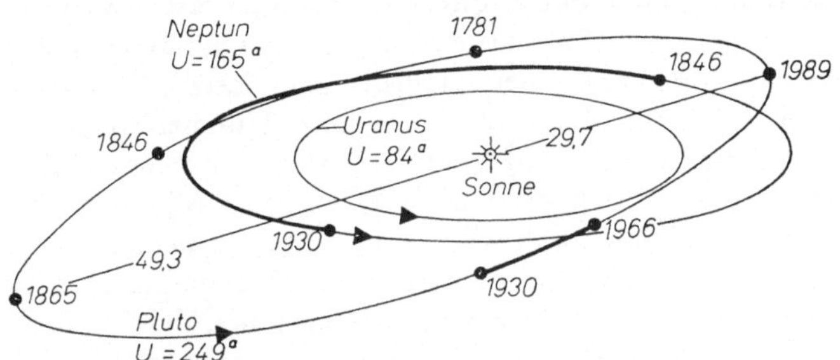

Abb. 87. Die Bahnen der Planeten Uranus, Neptun und Pluto. Hervorgehoben sind Planetenstellungen, die mit den Entdeckungsjahren zusammenfallen oder die besondere Stellungen Plutos angeben. Entfernungen in AE = astronomischen Einheiten

Entfernung von rund 7400 Millionen Kilometern = 49,3 astronomischen Einheiten von der Sonne im Aphel seiner Bahn und steht im Jahre 1989 im Perihel (Entfernung: = 29,7 AE). Außer diesen Bahnpunkten haben wir seinen Ort für das Jahr seiner Entdeckung (1930) eingezeichnet. Bis heute (1966) hat er also seit seiner Entdeckung nur das kleine dick gezeichnete Bahnstück, das nur rund $^1/_7$ seiner ganzen Sonnenumkreisung ausmacht, durchlaufen. Neptun mit einer Umlaufszeit von 165 Jahren hat seit seiner Entdeckung (1846) bis zum Jahre 1930 erst nahezu einen halben Umlauf vollendet. Uranus dagegen, der ja bereits 1781 von W. Herschel entdeckt und von dem schon etwa 20 Jahre davor Beobachtungen bekannt wurden, hatte bis zu Plutos Entdeckung bereits etwa 2 Umläufe hinter sich gebracht. Lowell gründete seine Berechnung über seinen Planeten X auf die noch nicht erklärten Abweichungen in der Bahn des Uranus, der, wie es unsere Abbildung zeigt, ja mehrmals in der fraglichen Zeit sich dem noch unbekannten Pluto näherte oder sich von ihm entfernte. Die Versuche, neben den Uranusstörungen auch die Störungen der Bahn Neptuns bei der Berrechnung des Planeten X heranzuziehen, stießen, wie gesagt, auf Schwierigkeiten. Doch stand unter Benutzung einer einzigen älteren Beobachtung von Lalande aus dem Jahre 1795 — ihre Genauigkeit ist allerdings umstritten — ein Bahnkreis von rund 80% Neptuns zur ergänzenden Berechnung zur Verfügung.

Die photographische Suche. Die photographische Suche nach dem unbekannten „Störenfried" begann bereits 1906 und entwickelte sich dann zu einem einmalig grandiosen Unternehmen, bei dem 30000 Quadratgrad — der ganze Himmel umfaßt rund 41000 Quadratgrad — mit etwa 45 Millionen Sternen durchmustert wurden! Man kann natürlich nicht 45 Millionen Sterne etwa Stern für Stern auf ihre Fixsternnatur untersuchen, aber man kann, wie der Fachausdruck lautet, die photographischen Aufnahmen „ausblinken". Dabei bedient man sich des für Plattenvermessung überaus wertvollen Stereokomparators mit Blinkeinrichtung, ein Instrument, das auf der Anwendung beidäugigen stereoskopischen Sehens beruht. Zwei mit dem gleichen Refraktor etwa an verschiedenen Tagen aufgenommene Platten des gleichen Sternfeldes werden dabei so zueinander justiert, daß beim Blick durch beide Mikroskope des Instruments die Sterne vollständig zur Deckung kommen. Durch eine Abblendvorrichtung kann mal die eine, mal die andere Platte der Betrachtung zugänglich gemacht werden. Das in beliebiger Folge vom Betrachter vorgenommene Hin- und Herblinken läßt dann leicht Lageveränderungen zwischen den Sternen auf beiden Platten erkennen. Als schließlich C. W. Tombaugh ein Plattenpaar um δ Geminorum von Ende Januar 1930 blinkend durchmusterte, fand er am 18. Februar 1930 den gesuchten Planeten X, der nach reiflicher Beratung der Besatzung des Lowell Observatoriums den Namen Pluto erhielt. C. W. Tombaugh hat, ehe seine unermüdliche Suche zum Erfolg führte, 90 Millionen Sternbilder von 30 Millionen verschiedenen Sternen durchmustert und dabei etwa 7000 Stunden am Blinkmikroskop gesessen.

Unstimmigkeiten über die Masse Plutos. Bald nach der Entdeckung Plutos, der übrigens noch nachträglich auf Platten bis 1914 zurück verfolgt werden konnte, setzte eine lebhafte Diskussion ein, ob die Auffindung des neuen Planeten (etwa 6° vom vorausberechneten Ort entfernt) nicht eine rein zufällige war. Vieles spricht für diese Annahme, denn trotz der ungefähren Übereinstimmung mit dem von Lowell vorausberechneten Ort reicht, wie man nun erkannte, die Masse Plutos nicht aus, merkliche Störungen auf die Bahn von Uranus und Neptun auszuüben. Lowell nahm für seinen Planeten 6,6 Erdmassen an. Einen solchen Planeten darf man immerhin als massereichen Planeten ansehen, denn seine Masse entspräche knapp ½ der Uranusmasse und gut ⅓ der des Neptun. Aus den Störungen, die Pluto auf die Bahnen von Uranus und Neptun ausübt, berechnete man nun aber (1951/55) einen Wert für Plutos Masse, der nur 0,9 Erdmassen beträgt? Die Bestimmung verdient ein Fragezeichen, da sie ältere Beobachtungen mit ihren Unsicherheiten einschließt. Das war die erste Überraschung doch es gab noch eine weitere: Pluto zeigt auch in den größeren Fernrohren keine meßbare Scheibe. Erst nach einigen Schwierigkeiten gelang es schließlich 1950 G. P. Kuiper durch Vergleich mit einem „künstlichen Planeten“ mit dem 5-Meter-Spiegel des Mt.-Palomar-Observatoriums seinen Durchmesser zu bestimmen. Danach ist die Planetenscheibe querdurch nur 0,23 Bogensekunden groß, was etwa einem Durchmesser von 5800 km entspricht. Diese Durchmesserbestimmung ist rätselhaft, denn bei einer Masse = 0,9 Erdmassen würde sich die physikalisch völlig unverständlich hohe Dichte von ungefähr 50mal Wasser für Pluto ergeben; sie wäre damit etwa doppelt so groß wie die der dichtesten Stoffe der Erde. Das aber ist unmöglich. Wenn man das Problem umkehrt und etwa annimmt, die Dichte Plutos hätte der Größenordnung nach den einigermaßen verständlichen Wert, wie ihn etwa im Mittel die anderen Planeten aufweisen, dann hätte auf Grund der Kuiperschen Durchmesserbestimmung Pluto eine Masse von etwa $^1/_{10}$ Erdmassen. Wir stoßen hier also auf mancherlei Widersprüche, für die man jedoch in letzter Zeit eine wohl plausible Erklärung gefunden hat.

Die Rotationsperiode. Um sie zu verstehen müssen wir zunächst ein wenig abschweifen: Obwohl wir auf Pluto, der ja auch in den größten Fernrohren als sternartiges Objekt erscheint, natürlich keine Oberflächeneinzelheiten wahrnehmen können, weist er, wie Kuiper 1952 fand, eine wechselnde Helligkeitsstruktur auf. Man erkannte dies daraus, daß der Planet sehr regelmäßig mal mehr, mal weniger Licht reflektierte. Dieser Lichtwechsel (Abb. 88) kann nur als Rotationseffekt eines verschieden helle Oberflächengestaltung aufweisenden Körpers gedeutet werden. Aus Beobachtungen eines jetzt 12 Jahre umfassenden Zeitraumes gelang es nun, die Rotationszeit des Planeten auf Sekunden genau abzuleiten. Die von der bewegten Erde aus gesehene synodische Rotationsdauer beträgt danach: $6^d\,9^h\,16^m\,54^s \pm 26^s$. Ein er-

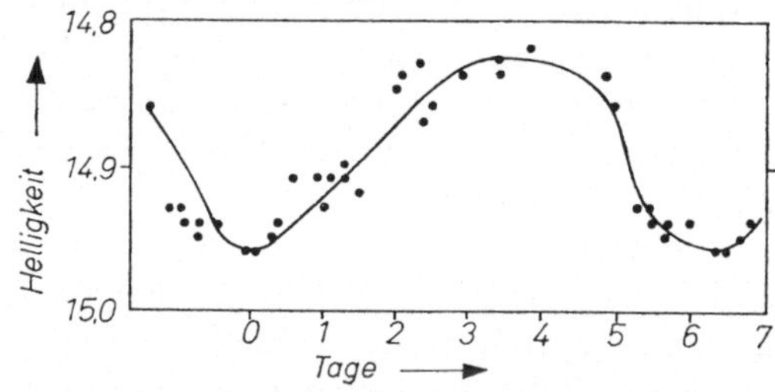

Abb. 88. Die Helligkeitsänderungen Plutos spiegeln die Rotationsperiode des Planeten wider. (Beobachtungen nach M. Walker, R. Hardie und G. P. Kuiper 1952—1955, aus „Planets and Satellites“, The Solar System III, Chicago 1961)

staunliches Ergebnis, das wir deswegen auf Sekunden genau angeben, um aufzuzeigen, was die photoelektrische Photometrie zu leisten vermag. Leider ist es nicht möglich festzustellen, wie die Rotationsachse orientiert ist und ob der Planet sich direkt oder rückläufig dreht. Wenn wir unsere Abb. 88 nochmals betrachten, so fällt uns sogleich die ungleiche Form des Lichtwechsels auf, denn der Aufstieg erfolgt ja wesentlich langsamer als der Abstieg.

Diese hier in Erscheinung tretende Ungleichheit spricht dafür, daß die Oberfläche recht unterschiedliche Hell- und Dunkelgebiete aufweisen muß, nämlich etwa einen hellen „Lichtfleck“ inmitten der Scheibe, der zum Rand hin vielleicht von einem dunklen Saum umschlossen wird. Diese überaus interessante Deutung läßt verstehen, was es mit der vorher erwähnten und keineswegs befriedigenden Kuiperschen Durchmesserbestimmung auf sich hat: Aufgefaßt und vermessen wurde damals wohl nur der zentrale Lichtfleck und nicht der wirklich größere heute noch unbekannte Durchmesser des Planeten.

Die Bestimmung des Durchmessers. Man hat sich nun kürzlich eine sinnreiche Methode ausgedacht, den Durchmesser Plutos zu bestimmen, wenn dieser etwa zentral vor einem Stern vorüberzieht. Das kommt allerdings nur selten vor, denn Sterne, die etwa so hell oder wenig heller als Pluto sind, liegen nur etwa alle drei Jahre einmal auf seinem Himmelsweg. Natürlich darf man sich einen solchen Vorgang nicht so vorstellen, daß man etwa, wie bei einer Sternbedeckung durch den Mond, den Stern am Plutos Scheibe verschwinden und dann wieder auftauchen sieht. Das ist bei dem winzigen Winkeldurchmesser Plutos und der Lichtschwäche völlig unmöglich. Doch tritt folgender sehr genau feststellbarer Effekt ein: Pluto bewegte sich 1965 etwa 2″ pro Stunde unter den Fixsternen, nimmt man Kuipers Wert für den Durchmesser (des Lichtflecks) von 0,23″ als Anhalt, so würde die Bedeckung rund 7 Minuten bei der wahren Scheibe also noch länger dauern. Kurz vor Eintritt oder nach dem Austritt stehen nun beide Objekte wie ein nicht zu trennendes Doppelsternpaar gewissermaßen zu einem Stern verschmolzen beieinander. Ihre Gesamthelligkeit ist nach den Gesetzen der Photometrie dann größer als die ihrer Einzelhelligkeiten. Wandert nun die Plutoscheibe über den theoretisch punktförmigen Stern, so fällt die Gesamthelligkeit des bisherigen „Doppelsternes" fast augenblicklich auf die Helligkeit Plutos zurück und umgekehrt beobachtet man eine sofortige Lichtzunahme bei den nach einigen Minuten später erfolgenden Austritt. Die Durchmesserbestimmung läuft also im Prinzip auf eine photometrische mit der Zeitbestimmung gekoppelte Messung hinaus. Um zu kontrollieren, wie die Sternbedeckung in Bezug auf die Scheibe verläuft (zentral oder partiell), was natürlich für die Bestimmung des Durchmessers von Wichtigkeit ist, sind Beobachtungen der Verfinsterung von verschiedenen Sternwarten erforderlich (wegen der parallaktischen Verschiebung). Ein erster Versuch wurde am 28. April 1965 unternommen, als es zur Bedeckung eines Sternes der 15.3. Größe mit Pluto kam. Leider ging wie die erste Auswertung zeigt, Pluto etwa 0,25″ südlich des fraglichen Sternes vorbei, doch zeigte der Versuch, daß man noch lichtschwächere Sterne heranziehen kann, womit sich künftig mehr Möglichkeiten eröffnen. Ich habe versucht, den Vorgang, wie er sich am 28. April 1965 abspielen sollte, durch eine schematische Zeichnung zu erläutern (Abb. 89). Die visuelle Helligkeit Plutos betrug um die Zeit 14.1. Größe, die des fraglichen Sternes wurde bereits Monate vorher in der gleichen Skala zu 15.3 bestimmt. Damit berechnet sich die Gesamthelligkeit Pluto + Stern für die Phase I, also unmittelbar vor dem Eintritt zu 13,8. Größe. Im Moment des Verschwindens des Sternes an der (unbekannten) Planetenscheibe (Phase II) sinkt die Helligkeit auf die des Plutos, also um 0,3 Gr. ab. Sie verbleibt bei zentraler Bedeckung je nach dem Durchmesser Plutos dann mehrere Minuten lang gleich hell (zwischen Phase II und III), um danach (Phase IV) wieder sogleich auf die Helligkeit 13.8 anzuwachsen.

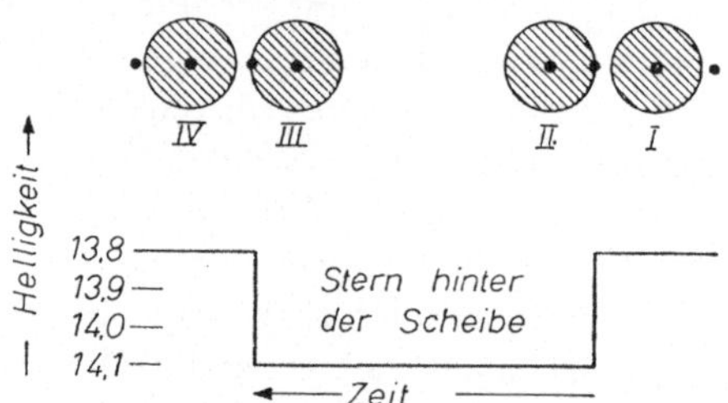

Abb. 89. Zum Versuch der photometrischen Bestimmung des Durchmessers Plutos bei einer Sternbedeckung (schematisch)

Ist Pluto ein Planet? Unsere bisherigen Ausführungen lassen erkennen, daß Pluto eine Sonderstellung unter den acht Planeten Merkur bis Neptun einnimmt. Er befindet sich zwar in der Nachbarschaft der großen sogenannten Jupiterplaneten, gehört aber nicht zu ihnen, da er weit mehr Eigenschaften aufweist, wie wir sie bei den Erdplaneten vorfinden. Man hat daher die Frage diskutiert, ob überhaupt Pluto ein Planet ist? Die Frage zwingt uns, kurz darauf einzugehen, wie man den Begriff Planet eigentlich definieren soll? Die Griechen nannten nach dem rein äußerlichen Erscheinungsbild ein zwischen den Fixsternen scheinbar wandelndes oder umherirrendes Gestirn einen Planeten (aus dem Griechischen einherirren = *πλανητειν*). Später erkannte man, daß das Gestirn ja in Wahrheit gar nicht umherirrt, sondern seine Wanderung den Umlauf der Planeten um das Zentralgestirn Sonne widerspiegelt. Dennoch sind nach herkömmlichen Begriffen nicht alle Körper, die sich um die Sonne bewegen, Planeten.

So z. B. nicht die Kometen, oder die Meteorschwärme und die kleinen Partikel des Zodiakallichtes. Ferner stößt die Unterteilung in Kleine Planeten und Planeten an sich ebenfalls auf Schwierigkeiten. G. P. Kuiper schlägt folgende Begriffe vor: Es gibt 8 Planeten, nämlich Merkur bis Neptun (hier ist Pluto schon ausgeklammert). Die Kleinen Planeten sind zweifach zu unterteilen, erstens die große Gruppe der Asteroiden, die im Raum zwischen Mars und Jupiter entstanden sind, und sich fast ausnahmslos auch heute noch in diesem Raum bewegen. Die zweite Gruppe umfaßt jene kleinen Körper, die vielleicht ehemals Satelliten der Jupiterplaneten (Jupiter bis Neptun) waren. Zu ihnen hätten wir neben bis heute noch unbekannten Objekten Pluto, Hidalgo und die Trojaner zu rechnen?

Wenn wir daran erinnern, daß Neptuns größter Mond Triton mit einem Durchmesser von etwa 4500 km der Größenordnung nach Pluto (vielleicht?) an Durchmesser nahe kommt, erscheint der Gedanke keineswegs abwegig, daß Pluto ein „verlorener Sohn“ Neptuns ist? Es wurde auch die Vermutung ausgesprochen, Pluto als ein Mitglied eines Planetoidenringes jenseits der Neptunsbahn anzusehen? Natürlich sind dies Spekulationen, wenn auch die abnorme Bahn, deren Neigung und Exzentrizität denen mancher Kleiner Planeten gleicht, dafür sprechen könnte Pluto als einen Planetoiden anzusprechen.

Kometenfamilien. Die großen Planeten Jupiter bis Neptun haben Kometenfamilien um sich geschart, vielleicht sagen wir besser erzeugt. Nach K. Schütte sind es bei Jupiter 52, bei Saturn 6, bei Neptun 8. Ein charakteristisches Merkmal dieser Kometenfamilien besteht darin, daß ihre größten Entfernungen von der Sonne (ihre mittleren Apheldistanzen) den Apheldistanzen ihrer Planetenväter nahezu gleichkommen. Ferner zeigen auch die Umlaufszeiten Familienähnlichkeit mit ihren Planeten, wenn auch infolge der meist großen Exzentrizität der betreffenden Kometenbahnen hier größere Streuungen zu beobachten sind. Jenseits der Bahn Neptuns fand K. Schütte zwei weitere Kometenfamilien, die bei Pluto 5 Mitglieder zählen. In unserer Abb. 90 zeigen wir diese Pluto-Familie. In Sonnenferne hat Pluto eine Entfernung von 49,3 astronomischen Einheiten (AE). Die Aphelentfernungen seiner Kometenfamilie, deren 5 Mitglieder in langgestreckten

Ellipsen mit Exzentrizitäten zwischen 0,96 bis 0,99 um die Sonne kreisen, betragen im Mittel 53,7 AE. Die punktierten Kreisstücke in unserer Abb. 90 entsprechen der Apheldistanz Plutos. Wir erkennen, daß der Komet 1862 III noch innerhalb dieser Entfernung seine Bahn zieht, während Komet 1889 III sie im Aphel etwa erreicht. (Die Apheldistanzen der anderen drei Kometen überragen die des Pluto.) Wir erwähnten bereits eine noch weitere

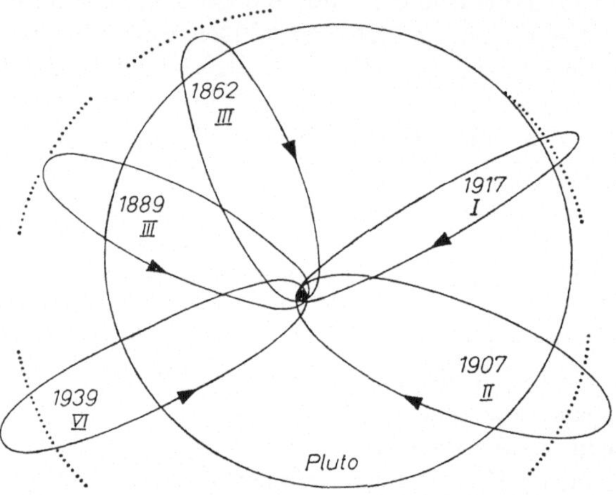

Abb. 90. Pluto und seine Kometenfamilie, deren Mitglieder mit ihrer definitiven Bezeichnung angegeben sind. Der volle Kreis zeigt den Sonnenstandpunkt. (Schematisch nach K. Schütte, „Sternenwelt", 2. Jg., München 1950)

transneptunische Kometenfamilie, die Schütte die Transpluto-Familie nennt, und die nach seinen Feststellungen 8 Kometen umfaßt. Die mittlere Apheldistanz dieser 8 Kometen beträgt rund 85 astronomische Einheiten (mit Schwankungen zwischen 75 bis 89 AE), was einer Entfernung von gut 12½ Milliarden Kilometern entspricht. In dieser Entfernung könnte also der nächste Grenzstein im Sonnensystem liegen, nämlich ein noch unbekannter Planet Tranpluto, der diese Kometenfamilie einst erzeugte. Er hätte übrigens damit ungefähr Platz in der Titius-Bodeschen Reihe, die ihm eine Entfernung von 77 AE zuspräche. (Von der Titius-Bodeschen Reihe und ihrer merkwürdigen Beziehung zu den Entfernungen im Planetensystem sprachen wir ausführlich auf S. 87.) Die Umlaufszeit Transplutos dürfte etwa 675 Jahre betragen.

Sachverzeichnis